U0179697

山东社会科学院　主办　　·2016年创刊·

主编　孙吉亭

中国海洋经济

MARINE ECONOMY IN CHINA
VOL.6,NO.2,2021
EDITOR IN CHIEF: SUN JITING

第12辑

社会科学文献出版社
SOCIAL SCIENCES ACADEMIC PRESS (CHINA)

# 学术委员

刘　鹰　曲金良　潘克厚　郑贵斌　张卫国

# Academic Committee

Liu Ying; Qu Jinliang; Pan Kehou;
Zheng Guibin; Zhang Weiguo

# 编 委 会

# Editorial Committee

# Editorial Department

**Director of Editorial Office:**

Sun Jiting

**Editorial Office Member:**

Wang Ningxuan; Tan Xiaolan; Xu Wenyu

# 历心于山海而国家富
## ——主编的话

　　海洋是生命的摇篮、资源的宝库，也是人类赖以生存的"第二疆土"和"蓝色粮仓"。中国自古便有"舟楫为舆马，巨海化夷庚"的海洋战略和"观于海者难为水，游于圣人之门者难为言"的海洋意识，中国海洋事业的发展也跨越时空长河和历史积淀而逐步走向成熟、健康、可持续的新里程。从山东半岛蓝色经济区发展战略的确立到"一带一路"重大倡议的推动，海洋经济增长日新月著。一方面，随着国家海洋战略的不断深入，高等院校、科研院所以及政府、企业对海洋经济的学术研究呈现破竹之势，急需更多的学术交流平台和研究成果传播渠道；另一方面，国际海洋竞争的日趋激烈，给海洋资源与环境带来沉重的压力与负担，亟须我们剖析海洋发展理念、发展模式、科学认知和科学手段等方面的深层问题。《中国海洋经济》的创刊恰逢其时，不可阙如。

　　当我们一起认识中国海洋与海洋发展，了解先辈对海洋的追求和信仰，体会中国海洋事业的艰辛与成就，我们会看到灿烂的海洋遗产和资源，看到巨大的海洋时代价值，看到国家建设"海洋强国"的美好愿景和行动。我们要树立"蓝色国土意识"，建立陆海统筹、和谐发展的现代海洋产业体系，要深析明辨，慎思笃行，认真审视和总结这一路走来的发展规律和启示，进而形成对自身、民族、国家、海洋及其发展的认同感、自豪感和责任感。这是《中国海洋经济》栏目设置、选题策划以及内容审编所遵循的根本原则和目标，也是其所秉承的"海纳百川、厚德载物"理念的体现。

　　我们将紧跟时代步伐，倾听大千声音，融汇方家名作，不懈追求国际性与区域性问题兼顾、宏观与微观视角集聚、理论与经验实证并行的方向，着力揭示中国海洋经济发展趋势和规律，阐述新产业、新技术、新模式和新业态。无论是作为专家学者和政策制定者的思想阵地，还是作为海洋经济学术前沿的展示平台，我们都希望《中国海洋经济》能让观点汇集、让知识传播、让思想升华。我们更希望《中国海洋经济》，能让对学术研究持有严谨敬重之意、对海洋事业葆有热爱关注之心、对国家发展怀有青云壮志之情的人，自信而又团结地共寻海洋经济健康发展之路，共建海洋生态文明，共绘"富饶海洋""和谐海洋""美丽海洋"的蔚为大观。

孙吉亭

# 寄语2021

未来从未如此未知，中国的发展机遇和挑战之大前所未有。

过去的一年，新冠肺炎疫情全球大暴发，世界产业链、供应链因各种因素的冲击而发生深刻调整，世界经济整体低迷。进入高质量发展阶段的中国，尽管受到不小的冲击和影响，却在显著制度优势的保障下，推动形成了以国内大循环为主体、国内国际双循环相互促进的新发展格局，交出了一份令世界瞩目的超预期经济答卷。海洋经济作为中国经济的重要组成部分，呈现总量收缩、结构优化的发展态势，以主要海洋产业实现全年增加值29641亿元、海洋生产总值全年80010亿元的优秀成绩，展现出强劲的韧性和活力。

征途漫漫，惟有奋斗。2021年是中国"十四五"开局之年，也是中国共产党百年华诞。这一年，我们将开启全面建设社会主义现代化国家新征程，向第二个百年奋斗目标进军。站在"两个一百年"历史交汇点，谋划未来，勠力向前，适应新发展阶段、贯彻新发展理念、构建新发展格局，中国海洋经济有信心、有能力、有把握迈准迈稳关键第一步，在准确识变、科学应变、主动求变中谱写出新时代经略海洋的壮丽新篇章。

《中共中央关于制定国民经济和社会发展第十四个五年规划和二〇三五年远景目标的建议》提出"坚持陆海统筹，发展海洋经济，建设海洋强国"，为中国海洋经济指明了发展方向。要进一步统筹国内国际两个大局，畅通陆海连接，高质量发展海洋经济；要全面优化海洋产业结构，培育壮大海洋战略性新兴产业，鼓励发展海洋高端服务业，推动传统海洋产业转型升级，加快构建完善的现代海洋产业体系；要加大海洋科技攻关力度，重点在基础研究和核心技术领域攻坚，推进产学研用一体化，促进创新链和产业链深度连接融合；要加强海洋生态文明建设，充分发挥海洋在全球碳循环中的重要作用，讲好海洋与二氧化碳之间的故事，用好海草床、红树林、盐沼等各种蓝碳生态系统，为我国如期实现碳达峰、碳中和提供海洋方案、贡献海洋力量；要深度参与全球海洋治理，牢固树立海洋命运共同体理念，大力推动"一带一路"高质量发展海上合作实践，着力探索海洋领域国际合作新路径、新模式，力争早日把我国建设成为拥有强大综合实力的海洋强国。

大幕已经拉开，在这个灿烂夺目的海洋新时代，《中国海洋经济》期待着成为方家名作交流展示的优秀平台。

孙吉亭

2021 年 4 月

# 目　录

## （第 12 辑）

## 海洋产业经济

中国休闲渔业发展评价与前景分析
………………… 卢　昆　刘　彤　王钦意　吴春明 / 001
特惠视角下助推海洋产业发展的税收优惠政策研究
………………………………………………… 田　文 / 021
借鉴日本渔村振兴经验发展山东海洋渔业研究 …… 管筱牧 / 041

## 海洋区域经济

关于深化深港合作加快推进深圳市建设全球海洋
　　中心城市的建议初探 ………………………… 何光远 / 056
福州加快海洋经济强市建设的思考 ……………… 林丽娟 / 071
海洋经济视角下澳门"中葡商贸合作服务平台"升级研究
………………………… 李　宁　张燕航　王方方 / 086
基于"两山论"的海岛生态经济发展路径分析
　　——以长海县为例 ……… 杨正先　黄　杰　李　爱 / 101

## 海洋资源管理

中国海域资源价格形成机制探析 ·················· 贺义雄／114

跨界鱼类与洄游性鱼类国内外制度发展与完善 ······ 张明君／135

## 国外海洋经济借鉴

金融危机以来韩国造船业转型升级的经验与启示

················· 纪建悦　李雨彤／153

《中国海洋经济》征稿启事 ······················ ／171

# CONTENTS

( No.12 )

## Marine Industrial Economy

Development Evaluation and Prospect Analysis of Recreational

Fishery in China     *Lu Kun, Liu Tong, Wang Qinyi, Wu Chunming* / 001

Research on the Preferential Tax Policies to Boost the Development of

Marine Industry from the Perspective of Preferential Treatment

*Tian Wen* / 021

Study on the Development of Shandong Marine Fishery by Learning

from the Experience of Japan Fishing Village Revitalization

*Guan Xiaomu* / 041

## Marine Regional Economy

The Preliminary Study of Deepening the Cooperation between Shenzhen

and Hong Kong in Order to Accelerate the Construction of Shenzhen

Global Ocean Central City     *He Guangyuan* / 056

The Exploration of Accelerating the Construction of Fuzhou as a Strong

City with Marine Economy     *Lin Lijuan* / 071

Research on the Upgrading of Macao's "Sino Portuguese Business
    Cooperation Service Platform" from the Perspective of
    Marine Economy        *Li Ning, Zhang Yanhang, Wang Fangfang* / 086
Analysis of Island Eco-economic Development Path Based on "Two
    Mountains Theory"—Take Changhai County as an Example
                                *Yang Zhengxian, Huang Jie, Li Ai* / 101

# Marine Resource Management

Analysis on the Price Formation Mechanism of China's Sea Area Resource
                                                *He Yixiong* / 114
Development and Improvement of Domestic and Foreign Systems
    for Straddling Fish and Migratory Fish Stocks        *Zhang Mingjun* / 135

# Foreign Marine Economy for Reference

Experience and Enlightenment of the Transformation and Upgrading of
    the Republic of Korea's Shipbuilding Industry since the Financial Crisis
                                            *Ji Jianyue, Li Yutong* / 153

*Marine Economy in China* **Notices Inviting Contributions**        / 171

· 海洋产业经济 ·

# 中国休闲渔业发展评价与前景分析<sup>*</sup>

卢 昆 刘 彤 王钦意 吴春明<sup>**</sup>

摘 要 | 休闲渔业是实现中国渔业转型升级、增加渔民多元化收入的重要途径选择。现阶段，中国休闲渔业总体呈现快速发展的趋势，区域发展差异较大，旅游导向型休闲渔业、休闲垂钓及采集业、钓具钓饵观赏鱼渔药及水族设备产业的产值逐年增加态势明显；尽管淡水休闲渔业主导地位明显、海水休闲渔业发展势头强劲，但中国休闲渔业发展在整体上尚处于规模扩张阶段。"十四五"期间，中国休闲渔业总体将呈现稳定增长态势。加强休闲渔业发展规划管理、加快推进传统捕捞渔民向休闲渔业转产转业和加大对休闲渔业经营主体的培育力度是"十四五"期间中国休闲渔业实现高质量发展的重要政策选项。

\* 本文由山东省现代农业产业技术体系刺参产业创新团队项目（项目编号：SDAIT - 22 - 09）、中国国家留学基金（项目编号：CSC NO. 201906335016）和中国海洋大学管理学院青年英才支持计划资助。

\*\* 卢昆（1979 ~ ），男，博士，水产学博士后，中国海洋大学管理学院教授，博士研究生导师，英国朴茨茅斯大学蓝色治理中心高级研究员，主要研究领域为海洋经济与农业经济；刘彤（1997 ~ ），男，中国海洋大学管理学院2020 级农业管理专业硕士研究生，主要研究领域为农业经济理论与政策；王钦意（1997 ~ ），男，美国密歇根州立大学社会科学专业本科生，主要研究领域为世界农业经济；吴春明（1972 ~ ），男，管理学硕士，中国海洋大学管理学院实验师，通讯作者，主要研究领域为农业经济管理。

关键词： 休闲渔业　海水休闲渔业　淡水休闲渔业　灰色关联分析　灰色预测模型

21 世纪以来，随着中国水产捕捞强度的不断增大，中国近海渔业资源日益衰退，无鱼可捕的现实窘境渐成常态，优化渔业产业结构、发展生态友好型和资源养护型渔业生产活动的诉求日趋强烈。[①]在此背景下，作为一种生态友好型渔业，休闲渔业渐次在全国各地应运发展起来。继 2001 年农业部颁布的《全国农业和农村经济发展第十个五年计划（2001—2005 年）》首次提出休闲渔业概念之后，农业部在 2004 年发布的《渤海生物资源养护规定》中明确提出要鼓励休闲渔业的发展。2006 年，《农业部关于贯彻落实中央推进社会主义新农村建设战略部署的实施意见》进一步强调鼓励发展休闲渔业。同年，《全国农业和农村经济发展第十一个五年规划（2006—2010 年）》正式认定休闲渔业是一种新兴产业。2011 年，《全国渔业发展第十二个五年规划（2011—2015 年）》将休闲渔业划分为中国现代渔业的五大支柱产业之一，进一步明确了其重要的产业发展地位。2012 年，农业部颁布的《关于促进休闲渔业持续健康发展的指导意见》对全国休闲渔业的发展做出明确、清晰的部署，休闲渔业发展自此进入"快车道"。2013 年，国务院出台的《关于促进海洋渔业持续健康发展的若干意见》又提出对休闲渔业发展提供进一步的支持。2016 年，农业部颁布的《关于加快推进渔业转方式调结构的指导意见》再次明确提出要大力发展休闲渔业，进一步完善休闲渔业规范管理标准，全国休闲渔业的发展由此步入新的历史阶段。

---

[①] Wenhan Ren, Qi Zeng, "Is the Green Technological Progress Bias of Mariculture Suitable for Its Factor Endowment? —Empirical Results from 10 Coastal Provinces and Cities in China," *Marine Policy* 124 (2021): 104338.

在实践中，休闲渔业的蓬勃发展也引起诸多学者的广泛关注。迄今有关休闲渔业的研究主要包括三类。第一类，从宏观视角出发，对中国休闲渔业发展中存在的问题和改进策略不间断地进行探索。① 第二类，从国际视角出发，通过案例分析探讨国外休闲渔业发展的成功经验。② 第三类，从地区角度出发，探索不同地区休闲渔业的发展模式、发展问题以及发展趋势。③ 总体而言，现有研究所采用的方法以定性分析为主，定量分析相对不足，至今尚未出现针对中国休闲渔业发展的定量评价研究。基于此，本文在分析中国休闲渔业总体发展特征的基础上，运用灰色系统理论对影响中国休闲渔业发展的关键因素进行识别，并对"十四五"期间中国休闲渔业的发展前景进行预测，以期为"十四五"期间中国休闲渔业发展政策的科学制定提供相关参考。

① 黄颖：《休闲渔业的现状与在我国的发展对策》，《福建水产》2005 年第 2 期；Wenhan Ren，"What Forces Drive the Rapid Development of Mariculture in China: Factor-Driven or Total Factor Productivity-Driven?" *Aquaculture Research* 52（2021）：3966 – 3977。

② 孙吉亭、R. J. Morrison、R. J. West：《从世界休闲渔业出现的问题看中国休闲渔业的发展》，《中国渔业经济》2005 年第 1 期；孙吉亭、王燕岭：《澳大利亚休闲渔业政策与管理制度及其对我国的启示》，《太平洋学报》2017 年第 9 期；刘雅丹：《澳大利亚休闲渔业概况及其发展策略研究》，《中国水产》2006 年第 3 期；柴寿升、张佳佳：《美、日休闲渔业的发展模式对我国休闲渔业发展的启示》，《中国海洋大学学报》（社会科学版）2007 年第 1 期；平瑛、徐洁、王鹏：《发达国家休闲渔业发展的基本经验》，《世界农业》2015 年第 4 期。

③ 郑鹏、柏槐林：《辽宁省休闲渔业发展灰色系统理论分析》，《沈阳农业大学学报》（社会科学版）2020 年第 1 期；姬厚德、林毅辉、涂振顺、孔昊、张加晋、孙芹芹：《厦门市海洋休闲渔业发展设想》，《海洋开发与管理》2020 年第 8 期；郭堂军：《永登县休闲渔业发展中存在的问题及解决对策》，《甘肃畜牧兽医》2017 年第 8 期。

# 一 中国休闲渔业总体发展特征*

## （一）全国休闲渔业发展规模

统计数据显示，中国休闲渔业实际总产值①（剔除物价因素影响后）在 2003～2019 年总体呈迅速上升趋势（见图 1）。其中，2003 年总产值为 54.11 亿元，2019 年总产值达到 530.25 亿元，上涨 880%，年均增长率高达 15.33%。从地区分布情况来看，2003～2019 年，中国沿海地区②休闲渔业产值占全国休闲渔业总产值的比重呈现波动上升趋势，其中 2005 年占比最低（仅为 48.46%），随后呈现快速上升趋势，2010 年达到峰值 64.46%，随后一直保持在 60% 左右。比较而言，内陆地区休闲渔业产值占比总体呈现波动下滑的趋势，其中 2005 年的占比最高（为 51.54%），随后出现波动下滑趋势，2019 年的占比仅为 37.60%。总体来看，中国沿海地区休闲渔业产值占据全国休闲渔业总产值的主体地位，并且其所占比重近年来呈平稳增长态势。

---

\* 由于《中国渔业统计年鉴》与《中国休闲渔业发展监测报告》中关于全国休闲渔业总产值统计数据存在偏差——《中国渔业统计年鉴》的统计值略高于《中国休闲渔业发展监测报告》的统计值，为保证研究的严谨性，本文特对数据做如下说明：本小节第（一）和（二）部分的数据来源于 2003～2020 年的《中国渔业统计年鉴》，且均已剔除物价因素的影响；第（三）与（四）部分所选数据来源于 2018～2020 年的《中国休闲渔业发展监测报告》，该部分数据采用名义产值进行比较。

① 截至投稿，《中国渔业统计年鉴 2021》尚未公布，故无法获得 2020 年中国休闲渔业总产值数据。因而，本文休闲渔业总产值最新数据为 2019 年的数据。

② 沿海地区包括辽宁省、天津市、河北省、山东省、江苏省、上海市、浙江省、福建省、广东省、广西壮族自治区和海南省 11 个地区，本文将其他地区归为内陆地区。

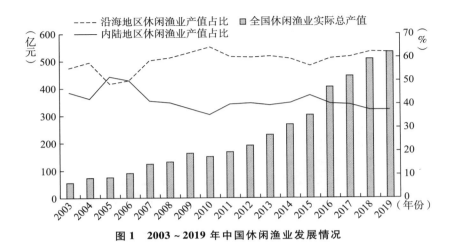

**图1 2003～2019年中国休闲渔业发展情况**

## （二）全国休闲渔业省际差异

从发展区位来看，沿海地区和长江流域地区目前已成为中国休闲渔业发展的核心区域。2019年，全国休闲渔业实际产值（剔除物价因素影响后）排名前十位的省份分别为山东（160.52亿元）、湖北（69.78亿元）、广东（65.37亿元）、江苏（38.81亿元）、四川（27.58亿元）、辽宁（24.07亿元）、安徽（20.54亿元）、浙江（16.91亿元）、江西（14.87亿元）和湖南（14.59亿元），上述十省休闲渔业实际总产值占全国休闲渔业总产值的比重为85.44%。从以上省份地理区位来看，它们均处于沿海地区或长江流域地区。比较而言，排名后十位的省市（3个沿海省市和7个内陆省份）分别为广西（2.78亿元）、贵州（2.36亿元）、内蒙古（1.74亿元）、北京（1.38亿元）、天津（1.26亿元）、宁夏（0.96亿元）、新疆（0.69亿元）、山西（0.34亿元）、上海（0.33亿元）和甘肃（0.15亿元），其休闲渔业实际总产值仅占全国休闲渔业总产值的2.26%（见图2）。整体而言，沿海沿江地区休闲渔业相对发达，东部地区的休闲渔业发展水平高于内陆省份，全国休闲渔业区域发展差异较大。

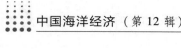

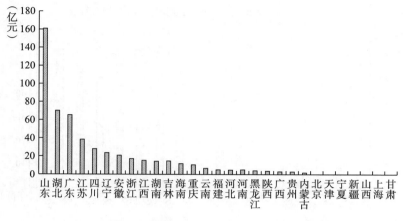

**图2　2019年中国各省（区、市）休闲渔业产值情况**

注：《中国渔业统计年鉴2020》中无西藏、青海及港澳台休闲渔业产值记录。

## （三）全国休闲渔业产业结构

目前，中国休闲渔业的产业结构主要包括休闲垂钓及采集业、旅游导向型休闲渔业、观赏鱼产业、钓具钓饵观赏鱼渔药及水族设备和其他产业5部分内容。其中前四大产业为中国休闲渔业的主导产业。统计数据显示，2017～2019年，前四大产业年均总产值占全国休闲渔业年均总产值的比重不低于98.17%。具体来看，在2017～2019年，休闲垂钓及采集业、旅游导向型休闲渔业、钓具钓饵观赏鱼渔药及水族设备产业产值总体呈现上升趋势，但观赏鱼产业发展不稳定，2019年总产值较2018年有所下滑（见图3）。从各细分产业平均占比来看，旅游导向型休闲渔业年均产值占比最高，为43.81%；其次是休闲垂钓及采集业（31.35%）和钓具钓饵观赏鱼渔药及水族设备产业（13.34%）；观赏鱼产业占比最少，仅为9.66%。从各细分产业产值的地区分布来看，旅游导向型休闲渔业产值排名前五的省份分别为山东、湖北、江苏、辽宁和浙江；休闲垂钓及采集业产值排名前五的省份分别为湖北、江苏、山东、安徽和四川；钓具钓饵观赏鱼渔药及水族设备产业产值排名前五的省份分别为山东、广东、湖北、浙江和江苏；观赏鱼产业产值排名前五的省份分别为广东、山东、江苏、四川和吉林。

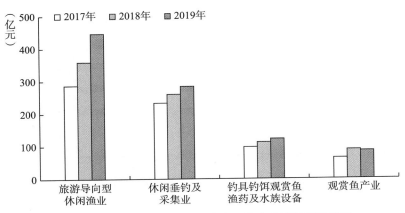

图3　2017～2019年中国休闲渔业四大产业产值变动情况

## （四）海（淡）水休闲渔业发展差异

　　根据所处水域不同，一般可将休闲渔业划分为淡水休闲渔业和海水休闲渔业。现有统计显示，2017～2019年，中国淡水休闲渔业产值呈现先升后降的态势，中国海水休闲渔业产值却总体呈现较快上升的趋势，但淡水休闲渔业的主导地位尚未改变（见图4）。具体来看，2017年中国淡水休闲渔业的产值为524.29亿元；2018年呈现上升趋势，达到最高值586.20亿元，上涨幅度为11.81%；2019年又下降至545.39亿元。中国海水休闲渔业产值从2017年的184.13亿元增至2019年的397.79亿元，上涨幅度高达116.04%。从海（淡）水休闲渔业产值占比来看，中国淡水休闲渔业始终占主导地位，2017～2019年占比始终在55%以上。但从变化趋势来看，中国淡水休闲渔业产值所占比重逐年下滑趋势明显，2019年占比为57.82%，相较于2017年74.00%的占比下降了16.18个百分点。中国海水休闲渔业产值占比却从2017年的25.99%增至2019年的42.18%，海水休闲渔业与淡水休闲渔业的产值差距逐年缩小。

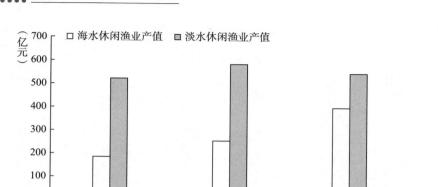

**图 4　2017～2019 年中国海（淡）水休闲渔业产值比较**

# 二　基于灰色关联分析的中国休闲渔业发展影响因素识别

灰色系统理论是由中国学者邓聚龙于 1982 年提出的，是一种针对研究数据样本量少、信息稀缺类问题的理论。① 该理论的核心在于从有限的已知数据中，通过数据再生，最大限度地提取原有数据信息，从而正确描述研究对象的发展规律。其主要内容包含灰色生成、灰色关联、灰色建模、灰色预测、灰色决策、灰色控制、灰色数学等。其中，在农业、经济、管理领域应用比较广泛的当属灰色关联分析和灰色预测模型。

## （一）灰色关联分析

灰色关联分析是通过所选择序列的曲线几何形状来判定各序列之间的关系程度，具体分析包括六个步骤。第一步，根据研究目的选定数据并确定参考序列和比较序列。假设所得 $n$ 个数据序列可以形成矩阵（1），其中 $X'_i = [x'_i(1), x'_i(2), \cdots, x'_i(m)]^\mathrm{T}$，$i = 1, 2, \cdots, n$，

---

① 刘思峰：《灰色系统理论的产生与发展》，《南京航空航天大学学报》2004 年第 2 期。

$n$ 为选定序列的个数，$m$ 为选定的考察指标个数。同时，依据研究目的在选定序列中确定参考序列和比较序列。一般来说，参考序列选取以各个指标序列中的最优值或最劣值为考察对象，详见矩阵（2）。

$$(X'_1, X'_2, \cdots, X'_n) = \begin{bmatrix} x'_1(1) & \cdots & x'_n(1) \\ \vdots & & \vdots \\ x'_1(m) & \cdots & x'_n(m) \end{bmatrix} \tag{1}$$

$$X'_0 = [x'_0(1), x'_0(2), \cdots, x'_0(m)]^{\mathrm{T}} \tag{2}$$

第二步，对选定的序列进行无量纲化处理，使得各序列达到统一数据标准，便于进行比较分析，同时又可以提高各数据间的关联度。当前，对序列进行无量纲化处理常用的方法为均值法。其基本思想是通过分别将各序列数据与该序列均值进行除法运算，从而达到无量纲化的目的，该方法具体运算步骤如公式（3）所示。其中，$X_i(k)$ 代表无量纲化处理后的数据，$X'_i(k)$ 代表原始数据，将原始序列经过无量纲化处理后可得到新的序列，如矩阵（4）所示。

$$X_i(k) = \frac{X'_i(k)}{\frac{1}{m} \sum_{k=1}^{m} X'_i(k)} \tag{3}$$

$$(X_0, X_1, \cdots, X_n) = \begin{bmatrix} x_0(1) & \cdots & x_n(1) \\ \vdots & & \vdots \\ x_0(m) & \cdots & x_n(m) \end{bmatrix} \tag{4}$$

第三步，进行序列差求解并找出最大值和最小值。将比较序列无量纲化数据与对应参考序列无量纲化数据进行减法运算。为保证数据非负，运算结果均取绝对值，详见公式（5），可以求得各序列差数据矩阵。通过比较序列差数据，可以得到序列差最小值 min（$\Delta X$）和最大值 max（$\Delta X$）。

$$\Delta X = |X_0(k) - X_i(k)| (k = 1, 2, \cdots, m; i = 1, 2, \cdots, n) \tag{5}$$

$$\min(\Delta X) = \min_{i=1} \min_{k=1} |X_0(k) - X_i(k)|$$

$$\max(\Delta X) = \max_{i=1} \max_{k=1} |X_0(k) - X_i(k)|$$

第四步，计算关联系数。依据式（5）计算结果，将序列差最大值和最小值代入公式（6）进行关联系数计算。其中，$\xi_i(k)$ 代表求得的关联系数，$\rho$ 代表分辨系数，其取值范围为（0，1）。一般来说，$\rho$ 越小，关联系数间差距越大，相应的区分能力越强，但一般研究都将 $\rho$ 设定为 0.5。进而将各序列差代入公式（6），可以求得各序列的关联系数值。

$$\xi_i(k) = \frac{\min\limits_{i=1}\min\limits_{k=1}|X_0(k) - X_i(k)| + \rho \max\limits_{i=1}\max\limits_{k=1}|X_0(k) - X_i(k)|}{|X_0(k) - X_i(k)| + \rho \max\limits_{i=1}\max\limits_{k=1}|X_0(k) - X_i(k)|} \quad (6)$$

第五步，计算关联度。在求得各比较序列的关联系数之后，分别计算各比较序列关联系数均值，以反映各评价对象与参考序列的关联关系，具体运算过程详见公式（7）。

$$r_{0i} = \frac{1}{m}\sum_{k=1}^{m} \xi_i(k) \quad (7)$$

第六步，对所得各评价序列关联度进行排序，得出最终的综合评价结果。

## （二）计算结果

鉴于目前《中国休闲渔业发展监测报告》仅有 2018～2020 年三期，本文最终选取 2017～2019 年全国休闲渔业总产值（$X_0$）、全国休闲渔业经营主体数量（$X_1$）、全国休闲渔业从业人员数量（$X_2$）、全国休闲渔船总数量（$X_3$）、全国休闲渔船总功率（$X_4$）的统计数据作为原始数据进行灰色关联分析。为使各数据标准统一并提高各序列间的关联度，本文对选定的原始数据序列进行无量纲化处理，结果见表 1。通过对无量纲化后获取的各序列数据进行序列差求解，可以分别得到序列差数据 $\Delta X_1$、$\Delta X_2$、$\Delta X_3$、$\Delta X_4$，求得 2017～2019 年最大差和最小差分别为 0.20034 和 0.00139（见表 2）。最后，将序列差求解结果代入公式（6）、公式（7）进行关联系数和关联度求解，结果见表 3 和表 4。

计算结果表明，中国休闲渔业经营主体数量与休闲渔业总产值的关联度最高，为 0.802；其次为休闲渔业从业人员数量（关联度为 0.736）和休闲渔船总数量（关联度为 0.615）；休闲渔船总功率与休闲渔业总产值的关联度最低，仅为 0.454，这在一定程度上也说明当前中国休闲渔业的发展在整体上尚处于规模扩张阶段。从各比较因素对参考因素的重要程度来看，休闲渔业经营主体数量、休闲渔业从业人员数量与休闲渔业总产值的关联度均大于 0.7，可以被视为重要影响因素[①]；休闲渔船总数量与休闲渔业总产值的关联度大于 0.5，可以被视为比较重要影响因素。因此，以上三个因素的变动都会对中国休闲渔业产值产生较大的影响。比较而言，休闲渔船总功率与休闲渔业总产值的关联度小于 0.5，可以认为该因素变动对休闲渔业总产值的影响较小。

表 1 原始分析数据及无量纲化处理后数据情况

| 年份 | 总产值 $X_0$（亿元） | 经营主体数量 $X_1$（万个） | 从业人员数量 $X_2$（万人） | 休闲渔船总数量 $X_3$（艘） | 休闲渔船总功率 $X_4$（万千瓦） |
|---|---|---|---|---|---|
| 2017 | 708.42 (0.853131) | 11.0244 (0.898020) | 68.29 (0.882530) | 12317 (0.952150) | 27.43 (0.972010) |
| 2018 | 839.53 (1.011023) | 12.3947 (1.009640) | 80.49 (1.040190) | 13302 (1.028290) | 30.83 (1.092490) |
| 2019 | 943.18 (1.135846) | 13.4101 (1.092350) | 83.36 (1.077280) | 13189 (1.019560) | 26.40 (0.935510) |

注：括号内的数据为无量纲化后得到的数值。

表 2 序列差计算结果

| 年份 | $\Delta X_1$ | $\Delta X_2$ | $\Delta X_3$ | $\Delta X_4$ |
|---|---|---|---|---|
| 2017 | 0.04488 | 0.02940 | 0.09902 | 0.11887 |
| 2018 | 0.00139 | 0.02917 | 0.01727 | 0.08146 |
| 2019 | 0.04350 | 0.05857 | 0.11629 | 0.20034 |

---

① 孙林凯、金家善、耿俊豹：《基于修正邓氏灰色关联度的设备费用影响因素分析》，《数学的实践与认识》2012 年第 8 期。

表 3  关联系数计算结果

| 年份 | 经营主体数量 | 从业人员数量 | 休闲渔船总数量 | 休闲渔船总功率 |
| --- | --- | --- | --- | --- |
| 2017 | 0.700 | 0.784 | 0.510 | 0.464 |
| 2018 | 1.000 | 0.785 | 0.865 | 0.559 |
| 2019 | 0.707 | 0.640 | 0.469 | 0.338 |

表 4  关联度计算结果

| 指标 | 关联度 | 排名 |
| --- | --- | --- |
| 经营主体数量 | 0.802 | 1 |
| 从业人员数量 | 0.736 | 2 |
| 休闲渔船总数量 | 0.615 | 3 |
| 休闲渔船总功率 | 0.454 | 4 |

# 三  基于 GM（1，1）模型的中国休闲渔业"十四五"发展预测

## （一）GM（1，1）模型

所谓灰色预测是指对选定数据进行生成处理并寻找其内在规律，进而对其未来进行预测的方法，一般包括数列预测、灾变预测、拓扑预测和系统综合预测。其具体建模步骤如下。

第一步，建立数据的原始序列并进行级比检验。根据研究目标收集相关数据，建立数据序列，详见公式（8）。其中，假设所选时间序列共有 $n$ 个观察值。随后对数据进行级比检验，以判别所建序列是否符合 GM（1，1）模型的建模要求。具体而言，依次将前一期观测值与后一期观测值相除，得到各期级比，详见公式（9），其中 $k = 2，3，\cdots，n$。同时，依据公式（10）确定本研究的级比范围。通过将求得的各期级比分别与本研究的级比范围进行比较，可以判断是否可以进行 GM（1，1）模型建模。

$$X^{(0)} = \{X^{(0)}(1), X^{(0)}(2), \cdots, X^{(0)}(n)\} \qquad (8)$$

$$\lambda(k) = \frac{X^{(0)}(k-1)}{X^{(0)}(k)} \tag{9}$$

$$\theta = (e^{\frac{2}{n+1}}, e^{\frac{2}{n+1}}) \tag{10}$$

第二步，对原始序列进行累加运算。将原始序列的第一个数据作为生成序列的第一个数据，将原始序列的第二个数据加到原始序列的第一个数据上，得到生成序列的第二个数据。以此类推，从而生成新的序列以避免随机性问题，详见公式（11）。

$$X^{(1)} = \{X^{(1)}(1), X^{(1)}(2), \cdots, X^{(1)}(n)\} \tag{11}$$

第三步，建立 GM（1，1）模型所对应的白化微分方程，详见公式（12）。其中 $a$ 代表发展灰数（也叫发展系数），$b$ 代表内生控制灰数（也叫灰色作用量）。

$$\frac{\mathrm{d}X^{(1)}}{\mathrm{d}t} + aX^{(1)} = b \tag{12}$$

第四步，求解微分方程，即求解 $a$ 和 $\mu$ 的数值。假设 $\hat{\mu} = [\hat{a}, \hat{b}]^{\mathrm{T}}$ 作为待估参数向量，根据最小二乘法可求得 $\mu$ 的估计值，见公式（13）。其中 $B$ 和 $Y_n$ 分别为矩阵（14）和矩阵（15）。

$$\hat{\mu} = [\hat{a}, \hat{b}]^{\mathrm{T}} = (B^{\mathrm{T}}B)^{-1} B^{\mathrm{T}} Y_n \tag{13}$$

$$B = \begin{pmatrix} -\frac{1}{2}[X^{(1)}(1) + X^{(1)}(2)] & 1 \\ -\frac{1}{2}[X^{(1)}(2) + X^{(1)}(3)] & 1 \\ \vdots \\ -\frac{1}{2}[X^{(1)}(n-1) + X^{(1)}(n)] & 1 \end{pmatrix} \tag{14}$$

$$Y_n = \begin{pmatrix} X^{(0)}(2) \\ X^{(0)}(3) \\ \vdots \\ X^{(0)}(n) \end{pmatrix} \tag{15}$$

第五步，求出微分方程的解后，进一步可以得到离散时间响应式，见公式（16）。

$$X^{(1)}(k+1) = \left[ X^{(0)}(1) - \frac{\mu}{a} \right] e^{-ak} + \frac{\mu}{a} \qquad (16)$$

第六步，对生成序列所得结果进行依次累减得到模型预测结果，见公式（17）。

$$\widehat{X}^{(0)}(k+1) = \widehat{X}^{(1)}(k+1) - \widehat{X}^{(1)}(k), k = 1, 2, \cdots, n \qquad (17)$$

第七步，模型有效性检验。当下常用的灰色预测模型检测方法有相对误差检验、平均相对误差检验、后验差检验等。所谓相对误差检验是指将原始序列数值 $X^{(0)}(i)$ 与预测序列数值 $\widehat{X}^{(0)}(i)$ 相减所得到的值，进一步与原始序列数值相除可以得到比值，详见公式（18）和公式（19）。所谓平均相对误差检验是指基于相对误差计算结果，对所有相对误差进行均值计算，得到各序列的平均相对误差值，详见公式（20）。所谓后验差检验是指将原始数据标准差 $S_1$ 与残差标准差 $S_2$ 进行比较，求得后验差比值 $C$，详见公式（21）至公式（23）。将以上计算所得数值分别与对应方法的精度要求进行比较，可以研判 GM（1，1）模型的预测精度。

$$\Delta^{(0)}(i) = | X^{(0)}(i) - \widehat{X}^{(0)}(i) | \qquad (18)$$

$$\varphi(i) = \frac{\Delta^{(0)}(i)}{X^{(0)}(i)} \times 100\% \qquad (19)$$

$$\overline{\varphi}(i) = \frac{1}{n} \sum_{i=1}^{n} \varphi(i) \qquad (20)$$

$$S_1 = \sqrt{\frac{\sum \left[ X^{(0)}(i) - \overline{X}^{(0)} \right]^2}{n}} \qquad (21)$$

$$S_2 = \sqrt{\frac{\sum \left[ \Delta^{(0)}(i) - \overline{\Delta}^{(0)} \right]^2}{n}} \qquad (22)$$

$$C = \frac{S_2}{S_1} \qquad (23)$$

## （二）数据说明

考虑到数据的有效性，本文选择"十二五"和"十三五"期间全国休闲渔业实际总产值数据进行 GM（1，1）建模。截至目前，《中国渔业统计年鉴》中关于休闲渔业产值的记载最早出现于 2003 年，历年《中国渔业统计年鉴》详细统计了全国休闲渔业总产值情况。需要说明的是，历年《中国渔业统计年鉴》中关于休闲渔业产值的记录是以当年价格为基础的。在实际建模过程中，如果所选择的休闲渔业产值数据为长时间序列数据，在未剔除物价因素影响的情况下，并不能直接依托原有数据进行比较，需要剔除物价因素的影响后再对原有的时间序列数据进行调整。由于从历年《中国渔业统计年鉴》中获取的休闲渔业产值数据时间跨度较大，所以为剔除物价因素的影响，本文以 GDP 平减指数为调整依据，以 2003 年为基期对 2003～2019 年的休闲渔业产值数据进行了调整。

## （三）预测结果

### 1. 级比检验

为了判定所选数据是否符合 GM（1，1）建模要求，需要首先对选定的原始数据进行级比检验，结果详见表 5。级比检验结果显示，所选数据级比的最小值为 0.747。然而，该数据进行预测所需最适的级比范围为［0.819，1.221］，因此不能直接依据原始数据进行 GM（1，1）建模，需要对原始数据进行平移变换，进而使平移后的数据级比落入建模要求的级比区间内，才能达到 GM（1，1）预测要求。研究发现，该原始数据的最适平移转换值为 530，平移转换之后发现所有的级比数值最小值为 0.891，最大值为 0.976，均落入要求的级比范围［0.819，1.221］内。因而，此时可以进行 GM（1，1）建模预测。

表 5　数据平移转换前后级比检验结果

| 年份 | 平移转换前级比 | 平移转换后级比 | 年份 | 平移转换前级比 | 平移转换后级比 |
|---|---|---|---|---|---|
| 2012 | 0.879 | 0.968 | 2015 | 0.883 | 0.958 |
| 2013 | 0.832 | 0.950 | 2016 | 0.747 | 0.891 |
| 2014 | 0.856 | 0.952 | 2017 | 0.907 | 0.957 |

| 年份 | 平移转换前级比 | 平移转换后级比 | 年份 | 平移转换前级比 | 平移转换后级比 |
|------|------|------|------|------|------|
| 2018 | 0.877 | 0.940 | 2019 | 0.951 | 0.976 |

### 2. 预测结果

经过计算，最终求得发展系数 $a$ 为 $-0.0593$，灰色作用量 $b$ 为 651.9654，代入公式（12）求得的平移转换后的微分方程如公式（24）所示。

$$\frac{dX^{(1)}}{dt} - 0.0593X^{(1)} = 651.9654 \qquad (24)$$

对方程进行求解，得到离散时间响应式后，通过数据减法运算，可得到 2020 ~ 2025 年中国休闲渔业总产值的预测值（见表 6 和图 5）。通过检验发现，该模型预测结果相对误差最大值为 7.843%，小于 10%，意味着该模型预测效果合格，符合预测要求（见表 7）。从平均相对误差来看，该模型预测结果的平均相对误差为 3.375%，小于 5%，这也意味着模型预测精度良好。从后验差 $C$ 值检验来看，该模型 $C$ 值为 0.014，远远小于 0.35，这也说明模型预测精度非常好。预测结果显示，"十四五"期间中国休闲渔业实际总产值总体呈逐年增长趋势。其中，2021 年为 687.427 亿元、2022 年为 761.763 亿元、2023 年为 840.637 亿元、2024 年为 924.327 亿元、2025 年为 1013.127 亿元，相较于 2019 年真实产值分别上升 29.64%、43.66%、58.54%、74.32%、91.06%，2019 ~ 2025 年年均增长率将达到 11.4%。

**表 6　GM（1，1）模型预测结果**

单位：亿元

| 年份 | 真实产值 | 预测产值 | 年份 | 真实产值 | 预测产值 |
|------|------|------|------|------|------|
| 2011 | 165.579 | 165.579 | 2016 | 401.104 | 375.200 |
| 2012 | 188.330 | 184.145 | 2017 | 442.456 | 430.471 |
| 2013 | 226.477 | 227.750 | 2018 | 504.349 | 489.117 |
| 2014 | 264.544 | 274.017 | 2019 | 530.253 | 551.344 |
| 2015 | 299.611 | 323.110 | 2020 | — | 617.370 |

| 年份 | 真实产值 | 预测产值 | 年份 | 真实产值 | 预测产值 |
|---|---|---|---|---|---|
| 2021 | — | 687.427 | 2024 | — | 924.327 |
| 2022 | — | 761.763 | 2025 | — | 1013.127 |
| 2023 | — | 840.637 | | | |

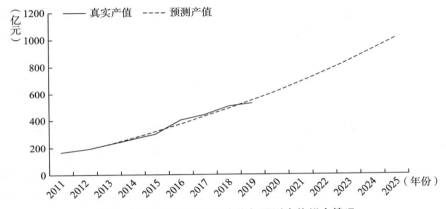

图 5　中国休闲渔业真实产值与预测产值拟合情况

表 7　GM（1，1）模型预测有效性检验结果

| 年份 | 检验结果 | | 精度对比 | | | |
|---|---|---|---|---|---|---|
| | 残差（亿元） | 相对误差（%） | 精度级别 | 相对误差 | 平均相对误差 | 后验差 $C$ 值 |
| 2011 | 0 | 0.000 | 好 | < 0.01 | < 0.01 | < 0.35 |
| 2012 | 4.186 | 2.223 | 良好 | < 0.05 | < 0.05 | < 0.50 |
| 2013 | − 1.273 | 0.562 | 合格 | < 0.10 | < 0.10 | < 0.65 |
| 2014 | − 9.473 | 3.581 | 勉强 | < 0.20 | < 0.20 | ≤ 0.80 |
| 2015 | − 23.499 | 7.843 | 不合格 | ≥ 0.20 | ≥ 0.20 | > 0.80 |
| 2016 | 25.904 | 6.458 | | | | |
| 2017 | 11.984 | 2.709 | | | | |
| 2018 | 15.232 | 3.020 | | | | |
| 2019 | − 21.091 | 3.977 | | | | |
| 均值 | — | 3.375 | | | | |

# 四　结论与建议

## （一）研究结论

第一，现阶段中国休闲渔业总体呈现快速发展的趋势。比较而言，沿海沿江地区发展水平相对较高，东部地区发展水平高于内陆地区，区域发展差异较为明显；旅游导向型休闲渔业、休闲垂钓及采集业、钓具钓饵观赏鱼渔药及水族设备产业产值逐年增加态势明显；淡水休闲渔业主导地位明显，但其在全国总产值中的占比逐年下降，海水休闲渔业发展势头强劲。

第二，休闲渔业经营主体数量与中国休闲渔业总产值关联度最高（0.802），其次为休闲渔业从业人员数量（0.736）和休闲渔船总数量（0.615），休闲渔船总功率与休闲渔业总产值的关联度最低，仅为 0.454，这在一定程度上也表明当前中国休闲渔业的发展在整体上尚处于规模扩张阶段。

第三，"十四五"期间，中国休闲渔业总体将呈现稳定增长态势，全国休闲渔业总产值将会逐年增加。到"十四五"末期，中国休闲渔业总产值将有望增至 1013.127 亿元。

## （二）对策建议

第一，加强休闲渔业发展规划管理。区域发展不协调是现阶段中国休闲渔业发展的显著特征，除了受制于休闲渔业资源环境客观条件以外，特色差异化发展不足也是促成该局面的主要原因。"十四五"期间，中国休闲渔业的发展需要做好顶层设计，重点加强休闲渔业发展规划管理，在兼顾资源禀赋条件的前提下，做好特色差异化休闲渔业的区域匹配工作，逐步形成沿海、沿河、沿湖一体化均衡发展格局。

第二，加快推进传统捕捞渔民向休闲渔业转产转业。鉴于中国当前休闲渔业总产值与休闲渔船总数量、休闲渔业从业人员数量具有较高的关联度，进一步壮大休闲渔业发展规模显然是"十四五"期间中国休闲渔业实现快速发展的重要工作抓手。实践中，要积极采取财政贴息、减税等政策，提高渔民转产转业的积极性，以此引导更多的传统捕捞渔民投身休闲渔业经营活动中。

第三，加大休闲渔业经营主体培育力度。中国休闲渔业总产值与休闲渔业经营主体关联度最高的研究结论，也意味着"十四五"期间中国休闲渔业的高质量发展离不开休闲渔业经营主体的支撑。相应地，依托水产高等院校和相关水产培训机构开展休闲渔业经营培训活动，以此加大对休闲渔业经营主体的培育力度，是"十四五"期间中国休闲渔业稳定发展的前提和基础。实践中，要积极通过媒体宣传、出台相关人才优惠政策等吸引优秀外部人才加入，不断壮大和升级休闲渔业的经营主体队伍，也可以采取订单培训的方式，有针对性地提升转产于休闲渔业的经营主体的综合素质，为未来中国休闲渔业的高质量发展提供人才保障。

# Development Evaluation and Prospect Analysis of Recreational Fishery in China

*Lu Kun*[1,2], *Liu Tong*[1], *Wang Qinyi*[3], *Wu Chunming*[1]

*(1. College of Management, Ocean University of China, Qingdao, Shandong, 266100, P. R. China;*

*2. Center for Blue Governance, University of Portsmouth, Portsmouth, PO1 3DE, United Kingdom;*

*3. College of Social Science, Michigan State University, East Lansing, Michigan, 48823, United States of America)*

**Abstract:** Recreational fishery is an important choice to realize the transformation and upgrading of fishery and increase the income of fishermen in China. At present, recreational fishery in China is developing rapidly while the regional development is quite different, and the output value of tourism oriented recreational fishery, leisure fishing and gathering industry, leisure fishing gear and bait, ornamental fish medicine and aquarium equipment industry have increased obviously year by year. Although the dominant position of freshwater recreational fishery is obvious and the development momentum of marine recreational fishery is strong, the development of recreational fishery in China is still in the stage of scale expansion now. During the 14th Five Year Plan period, China's recreational fishery will be in a steady growth trend. Strengthening the planning and management of recreational fishery, accelerating the conversion of traditional fishermen into recreational fishery and increasing the cultivation of recreational fishery operators are the important policy choices to achieve high-quality development of recreational fishery in China during the 14th Five Year Plan.

**Keywords:** Recreational Fishery; Marine Recreational Fishery; Freshwater Recreational Fishery; Grey Relational Analysis; Grey Prediction Model

（责任编辑：孙吉亭）

# 特惠视角下助推海洋产业发展的
# 税收优惠政策研究

田　文*

摘　要　施行普惠性税收减免政策是国家发挥税收对经济的调节作用的重要手段，而要充分发挥税收对国家重点发展领域的鼓励作用及对淘汰领域的限制作用，则需制定更具针对性的税收优惠政策。本文从特惠性的视角出发，结合涉海企业各类经济业务的会计处理方法和经营管理特点，指出现行税收优惠政策对海洋产业发展的针对性和导向性不强，提出政府应制定符合海洋产业课税特征的特惠性税收优惠措施，应根据国家海洋发展战略调整税收优惠的覆盖面和力度，并以区域资源要素禀赋为基础对各地区的优惠规定进行规范，以便更好地发挥税收政策对海洋产业发展的推动作用。

关键词　税收优惠　海洋产业　税收调节　税收政策

近年来，中国财税体制改革不断向前推进，"营改增"全面完成，增值税税率档次进一步精简，综合与分类相结合的个人所得税制度初步建立，税收立法进程进一步加快，减税降费政策不断加

---

* 田文（1990～），男，山东社会科学院山东省海洋经济文化研究院会计师，主要研究领域为海洋金融管理、财税政策。

码，这些政策的施行都对中国经济的持续稳定发展发挥了重要作用。海洋经济作为国家经济发展的重要引擎，也受惠于一系列普惠性税收政策的调节。当前，中国海洋经济呈现结构化的发展态势，为更好地发挥税收对经济发展的调节作用，必须准确把握各海洋产业的课税特征，制定更具针对性的海洋产业税收优惠政策，以实现促进海洋产业高质量发展的政策目标。

# 一　理论概述

## （一）海洋产业的概念

在对国民经济进行研究分析时，通常按照一定的标准对经济活动进行划分，将其分类为不同的产业。海洋产业也是按一定的标准对海洋经济中的产业活动进行的划分，是海洋经济的主要构成要素。

海洋产业的概念界定与海洋经济的定义紧密相连。20 世纪 70 年代，国外学界开始出现"海洋经济"的提法[1]；国内学界自于光远、许涤新在 1978 年全国哲学社会科学规划会议上提出建立海洋经济学科后，对海洋经济的理论研究逐渐增多，很多专家学者从多种角度对海洋经济给出了不同的定义[2]，但长期以来未能形成具有广泛共识的表述。2006 年 12 月，国家质量监督检验检疫总局和国家标准化管理委员会联合发布了《海洋及相关产业分类》（GB/T 20794—2006），自此，海洋产业的分类有了国家标准，为涉海部门的统计调查工作提供了操作层面的依据。

《海洋及相关产业分类》将海洋经济定义为开发、利用和保护海洋的各类产业活动，以及与之相关联活动的总和。相应地，海洋

---

① 董伟：《美国海洋经济相关理论和方法》，《海洋信息》2005 年第 4 期。
② 徐敬俊、韩立民：《"海洋经济"基本概念解析》，《太平洋学报》2007 年第 11 期。

产业的内涵也就被界定为在开发、利用和保护海洋的过程中所产生的生产活动和服务活动。海洋产业定义中所说的生产活动和服务活动主要有五个方面的具体表现，分别为直接从海洋中获取产品、对直接从海洋中获取的产品进行一次加工、直接应用于海洋或者海洋开发活动、利用海洋空间或者海水作为生产过程的基本要素，以及对海洋进行科研、教育、管理和服务。

《海洋及相关产业分类》不仅从官方层面对海洋产业的内涵做了界定，其中所提出的海洋产业五个方面的具体表现，也是对海洋产业外延的一种表述，实质上是通过发布国家标准的方式，对海洋产业的概念做了一次较为完整的官方定义。

## （二）海洋产业的分类

根据海洋经济活动的属性，将不同性质的行业区分开来，可对海洋产业进行分类。中国现行的国家分类标准依旧是 2006 年发布的《海洋及相关产业分类》，该标准将海洋经济划分为两类，即海洋产业和海洋相关产业。其中，海洋产业被进一步划分为两个层次，一是主要海洋产业，二是海洋科研教育管理服务业。海洋相关产业既是两个类别之一，也与这两个层次相并列，自成为另一个层次。根据这种两个类别和三个层次的分类结构，海洋经济被进一步划分为 28 个大类，其中海洋产业有 22 个大类，海洋相关产业有 6 个大类，基本满足了当时条件下各单位开展海洋相关工作时对产业分类的技术需求。

近年来，海洋经济迅猛发展，海洋产业出现了新的调整和变化，2006 年发布的分类标准逐渐落后于海洋产业的现实发展。2014年 2 月，国家海洋局发布了《第一次全国海洋经济调查总体方案》，提出要编制新的海洋及相关产业分类标准。2017 年，沿海各省市相继开展了第一次海洋经济调查工作，产业调查是其中一项重要内容，亟须出台新的产业分类标准为调查工作提供产业分类方面的技术指导。为此，国家海洋信息中心编制了《第一次全国海洋经济调查海洋及相关产业分类》，将海洋及相关产业大类调整为 34 个，其中海洋产业调整为 24 个大类，海洋相关产业调整为 10 个大类（见图 1）。① 在这部调查用标准的基础上，国家海洋信息中心于 2018 年 11 月编制了新的《海洋及相关产业分类（征求意见稿）》，新的国家标准（送审稿）于 2020 年 7 月通过审查，现正在进一步修改完善及按规定报批。至此，新标准从提出编制到编制成形、送审、报批，历时 7 年。

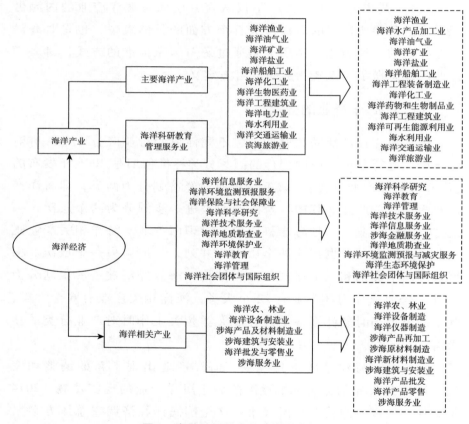

**图 1　海洋及相关产业分类国家标准**

资料来源：根据《海洋及相关产业分类》（GB/T 20794—2006）、《第一次全国海洋经济调查海洋及相关产业分类》整理。

---

① 第一次全国海洋经济调查领导小组办公室编著《第一次全国海洋经济调查海洋及相关产业分类》，海洋出版社，2017，第 3 页。

《海洋及相关产业分类（征求意见稿）》延续了现行的 2006 年国家标准对海洋产业两个类别的划分，在第一次海洋经济调查工作的基础上，将调查用标准中的 34 个产业大类调整为 28 个，其中海洋产业大类调整为 22 个，海洋相关产业大类调整为 6 个。此次调整后的产业大类数量虽然与现行 2006 年的国家标准相当，但对大类的名称表述及进一步细分的中类和小类进行了修改和完善。

### （三）税收优惠促进海洋产业发展的理论依据

#### 1. 市场失灵理论

传统的市场失灵理论认为，当个人或企业的经济行为产生危害或者利益，而当事者却没有得到补偿或者回报时，就会产生外部性，即个人或者企业承担的成本或获得的利益与社会承担的成本或获得的利益不一致。在这种情形下，基于理性人假设，企业或者个人在追求利益最大化的过程中，对社会可能产生有利影响，即正外部性，也可能产生不利影响，即负外部性。市场失灵理论是政府干预的理论基础，也是税收优惠政策促进产业发展的逻辑起点。

海洋产业中的各生产和消费主体在开展经济活动时，可能会促进社会经济的发展，例如海洋可再生能源利用业、海水利用业的发展会促进形成绿色低碳的经济发展模式，提高自然资源的利用效率；对海洋环境监测预报与减灾服务、海洋生态环境保护的投资会为涉海活动的开展提供技术支持，为海洋经济的持续稳定发展提供保障。与之相反，对海洋渔业、海洋化工业、海洋盐业、海洋油气业的利润最大化的短期追求，会过度消耗近海渔业资源和矿产资源，造成资源枯竭和生态环境被破坏的后果；而海洋工程装备制造业、海洋药物和生物制品业、海水利用业、海洋可再生能源利用业等战略性新兴产业因需要大量的科技投入且难以获得短期回报，将极大地降低企业的投资兴趣，致使一国难以占据海洋产业链的高端，减弱其参与国际海洋战略角逐的竞争力。

### 2. 公共产品理论

公共产品理论认为，公共产品具有的非排他性和非竞争性，提供了"搭便车"的机会，使得经济行为主体不愿生产公共产品。同时，如果一项公共产品处在缺乏有效管理的状态下，非排他性和非竞争性又会导致此项公共产品被滥用，出现"公地悲剧"的现象。公共产品实际上也是市场失灵的一种表现，公共产品不能在市场条件下得到有效配置，因而应由政府提供。除了公共产品理论所称的纯公共产品，现实中还存在大量介于公共产品与私人产品之间的社会产品，即准公共产品，或称混合产品。对于混合产品，即便是其性质更接近私人产品，政府也可以通过一定的市场手段提供，比如制定一定的价格标准，从而平衡生产者与消费者的负担。也就是说，混合产品也不能全部由私人部门提供，政府应该介入混合产品的供给之中。①

海洋产业中也存在大量混合产品，政府可以通过税收优惠政策手段介入此类产品的供给之中。例如，公海的渔业资源既具有公共产品的非排他性，也具有私人产品的竞争性。海洋渔业的生产主体不能排除他人在公海进行作业的能力，但渔业资源是有限的，一方渔获的增加或减少，必然会影响另一方渔获的增加或减少。又如，海洋教育既具有公共产品的非竞争性，也具有私人产品的排他性。教育产品是一种非竞争性产品，某人消费了一项海洋教育产品，其他人也能消费同样的海洋教育产品，海洋教育产品本身并不因某人的消费而减少，但海洋教育产品的提供者可以对产品进行定价，通过收费手段提供产品供给，从而使付费者获得该产品的消费能力，排除未付费者。

### 3. 税式支出理论

税式支出的概念是时任美国财政部部长助理的哈佛大学教授斯坦利·萨里于 1967 年首次提出的，他认为税式支出是政府为了实现特定的经济和社会目标而进行的与正常的税收系统相背离的特殊的

---

① 张馨等：《当代财政与财政学主流》，东北财经大学出版社，2000，第 61 页。

支出。① 税式支出的概念提出后，一些学者继续完善了该概念的表述，最后形成了一个广为接受的描述：税式支出是政府为激励某些特定行为或某些特定产业的发展而做出的与常规税收制度相背离的、受到的监督和约束较少的支出，是税收收入的减项。② 税式支出理论的提出是税收理论的一大创新，该理论将税收优惠的研究视角转换到政府支出上，把税收优惠置于政府预算的框架之内。税收优惠作为政府的一项成本，可以与政府预算的直接支出一同成为公共政策手段，优化政府支出与社会收益的匹配关系。

只有建立最优的税式支出，才能既保障经济社会的稳健运行，又不会对政府的税收收入产生实质性的负面影响。最优的税式支出应至少包含两个构成要件：一是税收制度中的常规规定与非常规规定的差异，即只有对常规税收制度的背离才会产生税式支出，政府因这种背离所放弃的税收收入就是政府预算所安排的税式支出；二是税式支出必须有明确的公共政策目标，如为补偿特殊原因对纳税人造成的损失（不包括因管理不善或违反法律法规所造成的损失，即会计核算中的非正常损失）而安排的税收优惠，又如为促进某一行业的发展而制定的税收优惠政策。③

税式支出的相关理论为政府通过税收优惠政策手段介入海洋产业发展，并在政府预算的框架下制定最优税收优惠规则提供了直接的理论支持。发展海洋经济是重要的国家战略，推进海洋产业的发展是政府的一项重要的经济政策目标，以减除、免除、税率优惠、抵扣等税收优惠形式形成的税式支出正是实现这一政策目标的重要手段。除了税收优惠会对海洋产业发展产生推动效应外，加强税式支出管理也会提高政府编制预算的科学性和准确性，使政府能够准

---

① Stanley S. Surrey，"Tax Incentives as a Device for Implementing Government Policy: A Comparison with Direct Government Expenditures," *Harvard Law Review* 83 (1970)：705 – 738.

② V. Bratic，"Tax Expenditures: A Theoretical Review," *Financial Theory and Practice* 30 (2006)：113 – 127.

③ 邢树东：《税式支出优化理论研究》，《当代经济研究》2004 年第 7 期。

确地评估税收优惠政策的实施效果，从而制定更为高效的优惠规则，提高政府预算带来的经济效益。[1]

## 二 海洋产业的课税特征分析

### （一）海洋农业

海洋农业，即海洋产业中的第一产业，包括海洋渔业和海洋农、林业。其中，海洋渔业是中国的主要海洋产业之一，2020 年实现产业增加值 4712 亿元，占主要海洋产业总增加值的 15.9%（各主要海洋产业增加值见图 2）。当前，中国的海水养殖发展迅速，尤其是水产品电子商务和深远海大型养殖设备的应用，即便在 2020 年全球新冠肺炎疫情对冷链运输产生巨大冲击的情况下，仍带动海洋渔业增加值实现同比增长。以海洋渔业为主要构成部分的海洋农业是一项重要的基础产业，为海洋水产品加工业、海洋产品批发、海

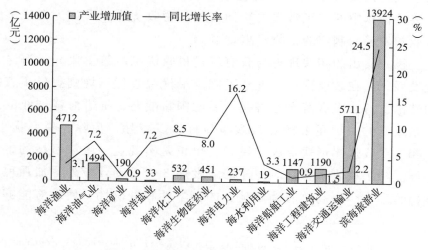

**图 2　2020 年中国主要海洋产业发展情况**

资料来源：根据《2020 年中国海洋经济统计公报》整理。

---

① 白重恩、毛捷：《公共财政视角下的税式支出管理与预算体制改革》，《中国财政》2011 年第 2 期。

洋产品零售等其他海洋产业提供投入品，在海洋经济产业链中起基础性的保障作用。同为第一产业，海洋农业既有与陆地农业相似的生产特点，也有其自身特性。

第一，海洋农业受自然条件的制约很大，虽然技术条件的进步使中国的农业生产改变了"靠天吃饭"的落后局面，但自然灾害仍能对海洋农业生产造成不可忽视的损失。第二，渔业资源有其独有的生物特性，同时政府为保护海洋生态环境和渔业资源的可持续利用而实行了休渔制度，使得渔业生产呈现明显的季节性。第三，海洋农业能够吸纳大量劳动力，既有从事捕捞或养殖的专业从业人员，也有不少兼业从业人员或临时从业人员。2019 年，全国渔业人口达 1828.2 万人，渔业从业人员达 1291.7 万人。[①] 第四，海洋农业的发展还具有弱质性，随着城市规模的扩大和填海造陆面积的增加，海洋农业的水域面积和用地面积都承受着外部挤压，在与其他产业的竞争中处于不利地位[②]，且对小额贷款的需求量很大。

## （二）海洋传统工业

海洋传统工业占主要海洋产业的大部分，经营主体多为规模较大的重工业企业，是拉动实体经济增长的重要产业部门，如海洋油气业、海洋工程建筑业、海洋船舶工业、海洋化工业、海洋电力业、海洋矿业、海洋盐业等。不同于海洋农业享有的大量税收优惠政策，海洋传统工业是税收收入的重要来源，要制定能够促进传统产业改造升级的税收优惠政策，必须准确掌握其产业特性。

第一，海洋传统工业具有较高的资本集中程度和空间集聚性，税源集中分布，这是因为传统工业企业不仅本身拥有巨大的经营体量，需要较大的资金投入，而且为节约生产成本和提高生产效率而形成了一定区域范围内的集中布局，以发挥规模效应。第二，海洋传统工业

---

① 数据来源：《中国渔业统计年鉴 2020》。
② 张童阳、卢晓瑜：《海洋渔业的基本内涵及产业特性》，《吉林农业》2012 年第 3 期。

的生产往往需要大量的专用生产设备设施及生产技术，产生大量的增值税留抵税额，在投资初期往往不能产生稳定的税收收入。第三，海洋传统工业企业的投资周期往往较长，资金占用时间久，投资回报率相较于高新技术企业又比较低，企业在融资和投资运营过程中对资金链的稳定程度要求较高。第四，海洋传统工业中往往存在大量的落后产能，面临经济下行和产业结构调整升级的双重压力，在淘汰落后产能和培育新动能的企业转型过程中，会产生大量并购重组和设备的清理、租赁、购置等经济业务，使税源和税基产生较大波动。

## （三）海洋战略性新兴产业

海洋战略性新兴产业融合了新兴产业和新兴科学技术，以前沿科技取得的重大突破为发展动力，引领着海洋产业的发展方向，有巨大的带动作用和发展潜力，如海洋工程装备制造业、海洋药物和生物制品业、海水利用业、海洋可再生能源利用业等。海洋战略性新兴产业企业多为税法中的高新技术企业，能够享受高新技术企业的税收优惠政策，也具备高新技术企业的很多课税特征。

第一，海洋战略性新兴产业的发展以关键技术的重大突破为基础，是知识技术密集型产业，需要大量科技人才，产业的发展与企业主体对人才培养的投入、高校及科研机构科技成果的转化机制和利益保障、对知识产权的保护力度和交易机制等有重大关系。第二，研发支出在海洋战略性新兴产业企业的经营成本中占据较大比重，企业要想在产业技术的快速更新迭代中保持有利地位，不但要在产品的完善升级中持续投入，还要深耕基础研究领域以探索技术发展方向，承担着很大的投资风险。第三，鉴于新兴产业的高投资风险和高回报特点，海洋战略性新兴产业企业往往会引入风险投资（VC）或私募股权投资（PE），以保证企业在起步阶段的研发资金需求和抗风险能力[1]，此类经营主体会出现较多的股权转让、股份

---

[1]　田文：《海洋经济发展的金融需求与金融支持模式分析》，《中共青岛市委党校青岛行政学院学报》2015 年第 6 期。

支付和高额的分红派息等业务。

## （四）海洋服务业

在将海洋经济划分为三次产业的视角下，观察海洋经济产业结构的演进规律，可以归纳为四个演进过程，即海洋产业从"一、三、二"结构逐步向"三、一、二""二、三、一""三、二、一"结构转化，海洋第三产业如滨海旅游业、海洋交通运输业、海洋技术服务业、海洋信息服务业、涉海金融服务业等最终获得迅猛发展，成为海洋经济的支柱产业。[①] 2020 年，中国的滨海旅游业与海洋交通运输业产业增加值占主要海洋产业增加值的 66.2%（见图3），只有针对其课税特征有的放矢，才能充分挖掘和利用这一庞大税基的潜力。

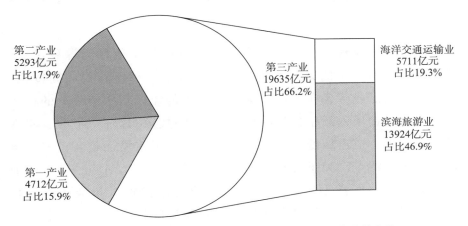

**图 3  2020 年中国主要海洋产业中的三次产业增加值及其占比**

资料来源：根据《2020 年中国海洋经济统计公报》整理。

第一，海洋服务业提供了大量混合产品，具有公共性的特征，如海洋科学研究、海洋教育、海洋管理、海洋地质勘查、海洋环境监测预报与减灾服务、海洋生态环境保护等，是税收优惠政策的主

---

① 张静、韩立民：《试论海洋产业结构的演进规律》，《中国海洋大学学报》（社会科学版）2006 年第 6 期。

要覆盖领域。第二，海洋服务业是综合性的产业，不同于海洋传统工业和海洋战略性新兴产业，很多海洋服务业可以在低投资、短周期的条件下获得可观回报，如滨海旅游业对消费环节的税收调节可以收到明显的经济效益。第三，海洋服务业对海洋经济的发展起着平台支撑和技术保障的重要作用，直接关系着战略性新兴产业的培育壮大和海洋传统工业的技术更新改造，甚至影响着海洋经济的宏观资金运作和国家海洋科技的突破提升，是海洋经济高质量发展的重要突破口。

## 三　惠及中国海洋产业的税收政策现状及评析

### （一）各税种惠及海洋产业的现行规定

#### 1. 增值税

增值税以应税商品或劳务在流转过程中的增值额为课税对象，税基广泛，是中国的第一大税种。增值税是一种流转税和间接税，随着应税商品或劳务在生产或提供过程中的流转，增值部分的税负以价外税进销项税额相抵扣的形式在流转过程中逐环节征收，实现了道道征收、道道相抵，税基广阔而又避免了重复征收。正因为增值税的这些特点，2016 年中国全面推开"营改增"试点，营业税退出历史舞台，海洋第二产业和第三产业的增值税抵扣链条得以打通，加深了海洋工业与海洋服务业融合发展的程度，海洋企业可以充分使用服务外包手段提升业务分工的专业化程度，同时得到增值税额进项抵扣的优惠。

根据生产经营规模和会计核算的健全程度，中国税法将纳税人划分为增值税一般纳税人和小规模纳税人，一般纳税人可按照增值税的抵扣原理享受进项税额的抵扣，小规模纳税人则以适用的征收率计算税额，不再区分进项和销项。他们实际上与消费者一样，处于增值税流转链条的末端。涉海企业中的增值税小规模纳税人虽然不能抵扣进项税额，但月销售额不超过 10 万元的，免征增值税。

增值税也有专门针对海洋产业的优惠政策，包括若增值税的课税对象是由海洋风力发电形成的，可以享受即征即退50%的优惠政策；对远洋捕捞的海洋水产品免征增值税；对海洋农业中的自产农产品或专业合作社销售的本社成员生产的海洋水产品免征增值税。

### 2. 企业所得税

企业所得税是直接对经营主体取得的所得进行课税的税种，是中国税收收入的主要来源之一，收入规模仅次于增值税。企业所得税是一种直接税，企业按照税法规定对会计核算的利润进行调整，确认当期应纳税额和递延所得税。

在税率优惠政策方面，涉海企业被认定为高新技术企业后，可以享受15%的优惠税率；小型微利的涉海企业，可以享受20%的优惠税率；符合投资额标准和特定集成电路生产规格的涉海企业，可以享受15%的优惠税率；接受政府或企业委托，提供污染防治设施运营维护服务的涉海企业，可以享受15%的优惠税率。

在减免政策方面，对于符合小型微利标准的涉海企业，以超额累进的方式减计应纳税所得额，并适用20%的低税率；科研院所提供服务于海洋产业的技术咨询、培训或转让技术成果取得的所得，免征企业所得税；涉海企业中符合条件的软件企业或新办的集成电路设计企业，从开始盈利的年度（而非企业设立或开始生产经营的年度）起算，可以免征两年的企业所得税，再减半征收三年，即"两免三减半"政策；从事清洁能源项目的涉海企业，可以享受企业所得税"三免三减半"政策；新办的海洋交通运输企业且实行独立核算的，第一年免征企业所得税，第二年减半征收；新办的海洋旅游业、存储业、饮食业、教育文化等涉海企业且实行独立核算的，可免征或减征开业后两年的企业所得税；远洋捕捞、海洋水产品加工取得的所得额免征企业所得税；海水养殖取得的所得额减半征收企业所得税；遇严重自然灾害的涉海企业，经专管税务机关批准，可享受一年企业所得税的减征或免征。

在扣除政策方面，中国自1996年开始实施企业研发费用加计扣除政策，后随着一系列政策文件的出台，加计扣除政策逐步细化和完善，政策的享受主体逐步扩大，核算和申报程序不断简化。2017年，为进一步鼓励中小型的科技企业加大对科技攻关的投入力度，将加计扣除比例由 50% 提高到 75%，涉海的科技型中小企业产生的研发支出未形成无形资产费用化处理的，可加计扣除 75%，形成无形资产做资本化处理的部分，可按无形资产成本的 175% 在税前摊销。

除以上税率优惠政策、减免政策和扣除政策外，涉海企业还可对符合规定的固定资产采用加速折旧的会计处理方法，以及享受税法规定的其他普惠性优惠政策，如减计收入、所得减免、税额抵免等。

### 3. 个人所得税

个人、个体工商户、个人独资企业和合伙企业的投资者因从事养殖业、捕捞业、种植业等海洋渔业或海洋农、林业而取得所得的，暂不征收个人所得税；供职于海南自由贸易港的紧缺人才和高层次人才，免征其个税税负超过 15% 的部分；供职于粤港澳大湾区的紧缺人才和高层次人才，补贴其按内地与香港两地的税法计算的个人所得税差额，且对差额补贴免税；未上市的海洋企业对员工授予股权期权、股权奖励、股票期权或限制性股票的，在税务机关备案后，可递延至该权利转让时再缴纳个人所得税。

### 4. 资源税

水产养殖业和海洋农、林业生产用水超过水行政主管部门制定的计划（定额）取用量的，从低确定资源税税额；海上低丰度油田和气田①可减征 20% 的资源税；水深超过 300 米的油气田可减征 30% 的资源税；开采中外合作的海上油气田的，以扣除开采作业用量和合理损耗后的净开采量为资源税的课税数量，自营的海上油气田也可比照此规定执行；中国北方海盐②资源税从价计征的适用定

---

① 海上低丰度油田标准为可采原油储量丰度低于 25 万 $m^3/km^2$；海上低丰度气田标准为可采天然气储量丰度低于 6 亿 $m^3/km^2$。

② 北方海盐指的是山东、天津、河北和辽宁四省市所产的海盐，江苏海盐自 1996 年 1 月 1 日起改按南方海盐标准征税。

额税率降为 15 元/吨，南方降为 10 元/吨；中国大型海盐场之一的塘沽盐场利用废水制盐的，适用定额税率降为 10 元/吨；认定为增值税小规模纳税人的海洋企业，可减征 50% 的资源税。

### 5. 其他税种

在进出口税收方面，航运企业、海洋船舶生产企业出口船舶，且满足创汇金额和资产规模等条件标准的，可以销售账簿记录和出口合同为依据直接办理出口企业免抵退税申报手续，待报关单等其他退税资料收集齐全后再复审调整已免抵退的税款；离开海南本岛但不离境的旅客，每年可享 10 万元免税购物额度。

在土地和设备使用方面，海洋产业中的物流企业自有或者租赁的大宗商品仓储设施用地，包括航运码头、装卸搬运区域、堆场、货场、油罐等占用的城镇土地，减按所属土地等级适用税额标准的 50% 计征城镇土地使用税；专门经营水产品的农产品批发市场、农贸市场免征城镇土地使用税和房产税；装备纯天然气发动机且以此为主推进动力装置的新能源船舶，免征车船税。

综上，截至目前中国已完成立法的 11 个税种实施时间轴如图 4 所示。省级人民政府可根据宏观调控需要和本地的实际状况，在 50% 的税额幅度内，制定针对增值税小规模纳税人缴纳资源税、城镇土地使用税、房产税、城市维护建设税、耕地占用税、印花税和教育费附加、地方教育附加的减征优惠。

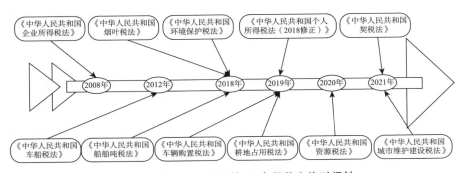

**图 4 中国已完成立法的 11 个税种实施时间轴**

## （二）现行海洋产业税收优惠政策评析

### 1. 税收优惠多为普惠性质

中国惠及海洋产业的政策分散在各税种的普惠性规定之中，针对具体海洋产业的特惠性政策较少，海洋企业的课税特征与税收规定不能很好地进行匹配，税收政策对海洋产业的支持力度和政策效果也就大打折扣。中国各地发展海洋经济的资源禀赋不同、社会经济发展水平不同，导致海洋传统产业和海洋战略性新兴产业的经营管理模式不同，各海洋产业在海洋经济发展战略中的地位也不尽相同，仅通过这些未成体系的普惠性税收优惠，既不能使海洋经济在国民经济中脱颖而出，也不能增强国家重点发展的战略性新兴产业的竞争力。

### 2. 对海洋产业发展的导向性不强

海洋产业多种多样，既有关乎民生的第一产业，也有处在转型升级"阵痛期"的传统工业，更有国家重点支持的战略性新兴产业。现有税收优惠政策不能很好地体现国家的发展需求，缺少对海洋新兴产业的政策覆盖，也缺少对海洋资源和能源综合利用的特别支持，在转变海洋产业发展动能和引导产业发展方向方面还有政策调整的空间。

### 3. 优惠手段不够灵活多样

从当前中国各税种中能够覆盖海洋产业的优惠政策来看，优惠手段主要为以企业所得税为代表的优惠政策，使用了税率优惠、减免政策和退税等方式，看似形式多样，但实质上大都是以涉海企业的经营成果为课税对象。虽然纳税人对直接税的感知比间接税更为敏感，且企业所得税的优惠对涉海企业的损失有弥补作用，但这些优惠不能参与到涉海企业的经营管理过程中，不能对海洋产业的整个生产和消费链条产生影响，而只是对整个产业活动事后利益的让渡。

### 4. 地方税收优惠政策有待规范

中国地方上实际仍存在一些不规范的税收优惠政策，差异化的税收优惠形成了地方上的税收竞争，包括地理相邻地区的税收竞争和经济相近地区的税收竞争。[①] 2014 年，国务院下发通知要求各地清理不合规的税收优惠政策，但这种"一刀切"地叫停各类不规范的税收优惠的做法不仅会遭到执行阻力，而且会损害地方政府的公信力。次年，国务院又发布通知，停止了对税收优惠的专项清理工作。造成地方税收竞争的原因主要有两个：一是在中国的税收立法制度设计中，税收立法权集中在中央，实行税收优惠的决定权也在中央，而地方承担了大量的支出责任，事权与财权不匹配；二是在中国地方官员晋升锦标赛的模式下，地方政府把税收优惠作为招商引资、提高政绩的重要手段，竞相出台优惠政策，打造税收洼地，甚至形成恶意竞争。

## 四 制定海洋产业特惠性税收政策的建议

### （一）根据海洋产业课税特征制定税收优惠政策

制定海洋产业特惠性税收政策的基础是准确把握各类产业的课税特征，只有制定有针对性的优惠规则，才能真正发挥税收优惠政策在降低企业经营成本和提高企业收益预期方面的作用。

针对海洋农业自然条件约束、季节性生产、吸纳农村剩余劳动力和发展弱质性的特征，应采用与其生产周期相适应的征缴方式，精准对接生产经营主体的小额资金流转需求，适应人员流动性强和生产季节性突出的用工特点。针对海洋传统工业集聚性、重资产经营和回报周期长的特征，应在涉海企业集聚区设立专门的税务机构进行管理和服务，充分运用固定资产抵扣、递延纳税等优惠手段舒缓企业资金压力。针对海洋战略性新兴产业对人才和研发投入巨大的特点，应出台支持重大科学技术攻关的配套优惠措施，加大对高

---

① 刘清杰、任德孝、刘倩：《中国地区间税收竞争及其影响因素研究——来自动态空间杜宾模型的经验证据》，《财经论丛》2019 年第 1 期。

端人才的个人所得税优惠力度，鼓励企业加大对研发支出的投入力度。针对海洋服务业的公共性和综合性特征，应以税式支出手段积极介入准公共产品的供给，以优惠政策刺激消费，拉动地区旅游产业的发展。

## （二）根据国家发展战略调整税收优惠覆盖面和力度

中国现有五大类型的 18 个税种，各类税收优惠对海洋产业的覆盖面较窄，应进一步扩大优惠范围，尤其是扩大对国家重点发展的战略性新兴产业的政策覆盖面。要充分利用间接性税收优惠政策，通过投资抵免、允许特殊的海洋装备加速折旧、加大对企业进行基础研究和前期研究的税收优惠力度等方式培育新兴产业，制定覆盖重要海洋产业的亏损结转政策，灵活运用投资准备金、国外投资准备金、技术开发准备金、价格变动准备金等优惠工具。扩大对海洋可再生能源利用业、海洋生态环境保护等绿色海洋产业的投资在税前扣除的范围，以减少税基的方式降低此类企业的成本。

在扩大税收优惠政策对海洋产业的覆盖面、通过普惠性与特惠性政策的叠加加大税收优惠力度的同时，还要积极拓展涉税事项提醒告知的范围，加强对海洋企业的税收优惠政策辅导，编制海洋产业涉及税费的优惠目录，简化优惠资格认定和备案手续，确保海洋企业应享尽享优惠红利。

## （三）根据区域资源要素禀赋规范各地区优惠规定

放任地方政府的税收优惠竞争会造成名义税率与实际税率的偏离，这类税收优惠不仅会对地方政府的税收收入造成短期影响，也会对产业的长期稳定发展造成负面影响。在地方经济快速发展时，地方政府通过税收减免、返还，甚至放松征管的手段让利给当地企业，一旦地方经济发展形势恶化，优惠政策往往难以为继，反过来对企业的生产经营造成影响。因此，对于各地长期以来形成的各类税收优惠"土政策"，既不能搞"一刀切"，也不能听之任之、放松规范和清理。可以借鉴资源税立法的经验，将确定一些税种具体税率的权限下放到省级人大常委会，确保地方政府在税收法定的原则下出台优惠措施。

此外，应该根据各地的海洋资源优势和全国的海洋产业发展规划，合理制定各地的海洋产业税收优惠政策，在区域层面体现特惠性。对于发展海洋渔业有优势的区域，应该鼓励发展现代海洋渔业，培育当地特色渔业品牌，提高海洋渔业企业信誉，并加大对远洋渔业企业的优惠力度。对于海洋油、气等资源储量丰富的区域，应根据资源质量的不同制定不同的计征税率，课税金额要与企业实际所得相匹配，同时引导企业加大对生态修复和节能环保项目的投入。对于有实力发展海洋药物和生物制品业、海洋工程装备制造业、海水利用业等国家重点发展的海洋战略性新兴产业的区域，应通过税收直接减免、先征后返等形式缓解企业的资金压力，对投资于此类企业而获得的贷款利息、债券利息、股息红利等制定相应优惠政策，鼓励各类主体对新兴产业的投资。对于海洋旅游资源丰富的区域，应对旅游基础设施投资建设企业实行税收优惠，培育旅游产业链，合理完善游艇等海洋旅游资产的消费税免税标准，通过税收优惠吸引大型旅游项目开发公司入驻。

# Research on the Preferential Tax Policies to Boost the Development of Marine Industry from the Perspective of Preferential Treatment

*Tian Wen*

(*Marine Economics and Cultural Research Institute, Shandong Academy of Social Sciences, Qingdao, Shandong*, 266071, *P. R. China*)

**Abstract:** The implementation of inclusive tax reduction and exemption policy is an important means for the state to give full play to the regulatory role of tax on the economy. To give full play to the encouraging role of tax on key national development fields and the restrictive role on eliminated fields, it is necessary to formulate more targeted tax preferential policies. From the perspective of preferential treatment, combined with the accounting treatment methods and management characteristics of various economic businesses of marine enterprises, this paper points out that the current preferential tax policies are not targeted and oriented to the development of marine industry, and puts forward that the government should formulate preferential tax measures in line with the tax characteristics of marine industry, adjust the coverage and intensity of tax preference according to the national marine development strategy, and standardize the preferential provisions of various regions based on the endowment of regional resource factors, so as to give better play to the role of tax policy in promoting the development of marine industry.

**Keywords:** Tax Preference; Marine Industry; Tax Adjustment; Tax Policy

（责任编辑：孙吉亭）

# 借鉴日本渔村振兴经验发展
# 山东海洋渔业研究

管筱牧 *

摘　要　海洋渔业是山东经济的支柱产业，山东海洋经济发展战略先后经历"海上山东"战略、海洋经济发展试点、蓝色经济区建设、新旧动能转换综合试验区建设等，使得山东海洋经济发展逐渐上升为国家战略。本文通过梳理山东渔业经济发展总体状况，以及海洋捕捞业、海水养殖业和水产品加工业的发展现状，分析山东传统海洋渔业发展目前所面临的问题。日本渔村的振兴是在法律层面、国家政策层面和消费者层面进行的，借鉴日本经验，本文试图从养殖模式的转变、产业结构的调整以及产业融合发展等方面提出对策建议，促进山东渔村振兴。

关键词　海洋渔业　渔业资源　日本渔村振兴　海洋捕捞产量　渔村接待能力

　　海洋渔业是山东经济的支柱产业，海洋经济发展策略也是山

---

＊　管筱牧（1976～），女，博士，山东社会科学院山东省海洋经济文化研究院助理研究员，主要研究领域为海洋经济与管理。

东经济发展策略的重点。20 世纪 90 年代，"海上山东"战略在山东启动，促进了海洋渔业和全省经济的发展；2010 年，山东成为第一批全国海洋经济发展试点地；2011 年，建设山东半岛蓝色经济区成为全国第一个以海洋经济为主题的国家战略；2018 年初，国务院批复山东为全国唯一的新旧动能转换综合试验区，赋予山东探索转换增长动力和转变发展方式的重任。① 2018 年 3 月 8 日，习近平总书记在参加十三届全国人大一次会议山东代表团审议时强调，海洋是高质量发展战略要地，要加快建设世界一流的海洋港口、完善的现代海洋产业体系、绿色可持续的海洋生态环境，为海洋强国建设做出贡献。② 这使得山东经略海洋的思路更加清晰。山东省委书记刘家义指出："海洋兴则山东兴，海洋强则山东强。山东要开创新时代现代化强省建设新局面，最大的潜力在海洋，最大的空间在海洋，最大的动能也在海洋。"③ 2018 年 5 月，山东实施"海洋强省"战略，制定实施"十大行动"方案。山东在介绍"十三五"期间经济社会发展情况新闻发布会中提到，2019 年山东海洋生产总值为 1.48 万亿元，占全国的 20% 以上；山东是唯一一个拥有 3 个超过 4 亿吨吞吐量大港的省份，提升了全省港口核心竞争力；山东是海洋牧场建设唯一综合试点省份，海洋牧场占全国的 4 成左右；海洋科技人才聚集，海洋科技实力走在全国前列。④

---

① 张舒平：《山东海洋经济发展四十年：成就、经验、问题与对策》，《山东社会科学》2020 年第 7 期。

② 《向海图强，澎湃高质量发展新动能》，2021 年 3 月 10 日，http://www. shan-dong. gov. cn/art/2021/3/10/art_97564_403589. html。

③ 《刘家义：海洋兴则山东兴　海洋强则山东强》，2018 年 6 月 20 日，https://sd. ifeng. com/a/20180620/6665381_0. shtml。

④ 山东省人民政府新闻办公室：《山东举行"十三五"期间经济社会发展情况新闻发布会》，2020 年 10 月 28 日，http://www. scio. gov. cn/xwfbh/gssxwfbh/xwfbh/shandong/Document/1690880/1690880. htm。

# 一 山东省渔业现状分析<sup>*</sup>

## （一）渔业经济发展状况

从渔业生产产量来看。1991 年，山东省启动"海上山东"建设工程，重点开发海洋和内陆渔业资源，使渔业产业得到了迅速发展。整理历年《中国渔业统计年鉴》数据，如图 1 所示，山东省海洋捕捞产量整体呈现两个趋势：以 1999 年为分界点，这之前全省海洋捕捞产量总体上持续增长，特别是受 1985 年水产品价格开放影响增长较快，在 1998 年和 1999 年达到峰值，超过 300 万吨；随着渔业技术的提高，捕捞能力也逐步增强，当捕捞能力超过了资源承载力时，伴随海域污染及海洋生态环境的恶化，海洋资源严重衰退。为了保护渔业资源和近海环境，海洋渔业逐步从"猎捕型"向"放牧式"转型。在发展养殖业的方针指导下，1999 年之后，山东省海洋捕捞产量开始逐渐减少，近年来捕捞产量逐渐趋于负增长。而海水养殖产量在 2001 年超过海洋捕捞产量后，更是逐年拉大差距，实现了整个海洋渔业产业的转型。2020 年，山东海水产品产量为 679.6 万吨，海洋捕捞产量为 165.5 万吨，海水养殖产量为 514.1 万吨。

从渔业产值来看，2020 年底（按当年价格计算），山东省渔业经济总产值为 4147.6 亿元，居于全国第一位。其中，海洋捕捞的产值为 355.2 亿元，居于全国第二位；海水养殖的产值为 931.8 亿元，同样居于全国第一位（见图 2）。从山东省各个沿海城市来看，2020 年，威海市海洋生产总值为 1027 亿元，占地区生产总值的比重达 34%。①

---

\* "山东省渔业现状分析"的数据来源于农业农村部渔业渔政管理局、全国水产技术推广总站、中国水产学会编制的历年《中国渔业统计年鉴》。

① 《聚焦全国海洋经济发展示范区 加快推动海洋产业转型 形成海洋经济发展新动能——山东威海海洋经济发展示范区经验做法》，2021 年 8 月 20 日，https://www.ndrc.gov.cn/fggz/nyncjj/tzzn/202108/t20210820_1294128.html? code = & state = 123。

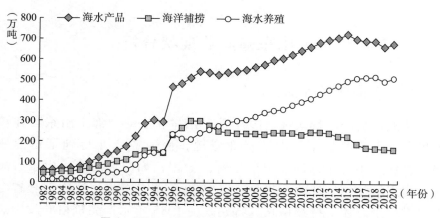

**图 1　1982～2020 年山东省海水产品产量变化**

其中，渔业产值为 362.64 亿元，增长 4.7%[①]，在全省地级市处于绝对领先地位。这与威海市的经济产业结构相关，海洋渔业一直是威海市的支柱产业之一。近年来，威海市以海洋供给侧结构性改革为主线，注重加快推动传统海洋渔业转型升级，努力将单一产业向产业链融合转变，海洋牧场建设和休闲渔业的发展也是其经济增长点。

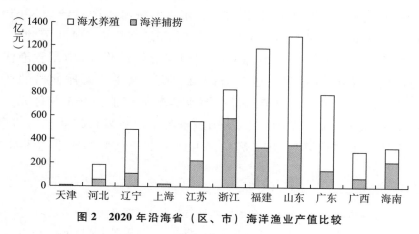

**图 2　2020 年沿海省（区、市）海洋渔业产值比较**

从海洋渔业从业人员结构来看，到 2020 年底，山东省现有 94

---

① 数据来源于《山东省统计年鉴 2021》。

个渔业乡，1198 个渔业村，渔业户达到 423776 户。在 1538003 人的渔业人口中传统渔民为 596127 人，占 38.76%，其中海洋捕捞业专业从业人员达到 186028 人，海水养殖业专业从业人员为 304064 人。从地域分布上看，从业人员主要集中在沿海七市，仍然以烟台、威海、青岛三市的海洋捕捞业专业从业人员最多。

## （二）海洋捕捞发展状况

黄渤海区是山东省海洋捕捞生产的主要作业渔场。山东半岛沿岸有黄河等入海口，沿海 20 多条河流所携带的营养盐类和有机物使大量浮游生物和底栖生物得以滋养繁殖，为山东省近海聚集丰富的浮游动植物饵料资源、各种底栖生物在此生长繁殖、各种经济类渔业生物资源提供各种有利的条件，成为中国海域重要的鱼类洄游索饵场。① 山东省位于温带，近海温度适宜，海区自然温度适合鱼类的生长繁殖，成为大部分鱼类、虾蟹等的生活场所，也为洄游性鱼类提供了很好的产卵场。很多洄游性鱼类，如带鱼、鲅鱼等在此产卵，形成重要的渔场，如烟威渔场等。山东近海鱼类资源有 79 种，其中经济价值较高的鱼类有 28 种，一般经济鱼类有 41 种，经济价值较低的鱼类有 10 种；经济价值较高、有一定产量的虾蟹类有近 20 种；滩涂贝类有百种以上，其中经济价值较高的有 20 余种。②

从捕捞种类来看，2020 年，山东海洋捕捞产量为 1655165 吨，比 2019 年减少 22220 吨，低于浙江省，位于全国第二，略高于福建省（见表1）。其中，贝类和其他类（海蜇）的捕捞量位于全国第一。结合海洋捕捞产值分析（见表2），全国海洋捕捞单位产值为 23192 元/吨，山东省虽然产量和产值都居于前列且单位产值较往年

---

① Wenhan Ren, "Study on the Removable Carbon Sink Estimation and Decomposition of Influencing Factors of Mariculture Shellfish and Algae in China—A Two-Dimensional Perspective Based on Scale and Structure," *Environmental Science and Pollution Research* 28 (2021): 21528–21539.

② 《地理资源》，2019 年 10 月 15 日，http://www.shandong.gov.cn/art/2019/10/15/art_98093_206404.html。

有所增加，但海洋捕捞单位产值为 21458 元/吨，仍低于全国平均水平，这说明山东省海洋捕捞中高经济类别的产品比重较低，与江苏省差距较大。

表 1　2020 年部分沿海省（区、市）海洋捕捞产量（按种类分）

单位：吨

| | 总计 | 鱼类 | 甲壳类 | 贝类 | 藻类 | 头足类 | 其他 |
|---|---|---|---|---|---|---|---|
| 全国 | 9474104 | 6487763 | 1810820 | 361928 | 21739 | 564901 | 226953 |
| 河北 | 171612 | 87638 | 42361 | 15934 | | 12981 | 12698 |
| 辽宁 | 463847 | 265412 | 90175 | 47952 | 368 | 21599 | 38341 |
| 江苏 | 417719 | 232353 | 125121 | 27846 | 932 | 11971 | 19496 |
| 浙江 | 2568624 | 1715887 | 688054 | 20505 | 1254 | 124867 | 18057 |
| 福建 | 1528951 | 1084257 | 272671 | 30850 | 1789 | 125655 | 13729 |
| 山东 | 1655165 | 1179619 | 202519 | 118995 | 1580 | 87371 | 65081 |
| 广东 | 1131722 | 814026 | 204832 | 33623 | 5095 | 52655 | 21491 |
| 广西 | 484058 | 268233 | 112270 | 46251 | | 31907 | 25397 |
| 海南 | 1014614 | 812662 | 64804 | 18711 | 10721 | 95058 | 12658 |

表 2　2020 年部分沿海省（区、市）海洋捕捞单位产值

| | 全国 | 河北 | 辽宁 | 江苏 | 浙江 |
|---|---|---|---|---|---|
| 产值（万元） | 21971988 | 579489 | 1093606 | 2236291 | 5855378 |
| 产量（吨） | 9474104 | 171612 | 463847 | 417719 | 2568624 |
| 单位产值（元/吨） | 23192 | 33767 | 23577 | 53536 | 22796 |
| | 福建 | 山东 | 广东 | 广西 | 海南 |
| 产值（万元） | 3369458 | 3551597 | 1458754 | 836252 | 2154344 |
| 产量（吨） | 1528951 | 1655165 | 1131722 | 484058 | 1014614 |
| 单位产值（元/吨） | 22038 | 21458 | 12890 | 17276 | 21233 |

2020 年，山东海洋机动渔船年末拥有量为 32318 艘，总吨位 1092934 吨，总功率 1992099 千瓦，分别比 2019 年减少了 1951 艘、增加了 5712 吨、减少了 58563 千瓦。其中，生产渔船为 31925 艘，总吨位 976969 吨，总功率 1818777 千瓦。包含捕捞渔船 16643 艘，总吨位 909157 吨，总功率 1577257 千瓦。捕捞渔船的数量和总吨位分别占总数的 51.5% 和 83.2%，占生产渔船的 52.1% 和 93.1%。从地域上看，山东省沿海七市中，渔船总数量仍是以烟台、威海和青岛占大多数。这与渔业产值和从业人员分布状态基本吻合。

从海洋捕捞渔具来看，基于国家实施海洋捕捞业产量"零增长"的政策，山东省的海洋捕捞业总产量近年来整体处于稳定减少的状态（见图 1）。如图 3 所示，2020 年山东省海洋捕捞仍然以传统的拖网作业产量最高，占比达到总产量的 67%；其次为刺网作业，占到 23%；再次是张网作业，占到 5%，而围网作业和钓具作业等都占比很小。

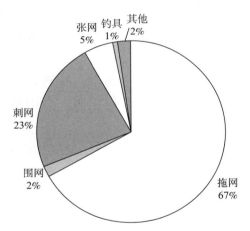

**图 3　2020 年山东省海洋渔业捕捞产量分析（按渔具分）**

## （三）海水养殖业发展状况

长期以来，良好的养殖环境为水产养殖业的发展提供了得天独厚的条件，海水养殖业五次浪潮均从山东发端，推动了我国海洋渔业的快速发展。20 世纪 60 年代，出现了以海带、紫菜养殖为代表的海藻养殖浪潮；80年代，出现了以对虾养殖为代表的海洋虾类养殖浪潮；90年代，出现了以扇贝养殖为代表的海洋贝类养殖浪潮；20世纪末，出现了以鲆鲽养殖为代表的海洋鱼类养殖浪潮；21世纪初，出现了以海参、鲍养殖为代表的海珍品养殖浪潮。养殖技术的发展，使得我国水产业出现了"养殖高于捕捞""海水超过淡水"的两大历史性突破。①

从渔业养殖结构来看，2020年山东海水养殖产量达到5141394吨，其中，鱼类产量95507吨，占养殖产量的1.9%；甲壳类产量176604吨，占养殖产量的3.4%；贝类产量4077303吨，占养殖产量的79.3%；藻类产量669168吨，占养殖产量的13.0%；其他类产量122812吨，占养殖产量的2.4%。贝类仍然是山东省的主要养殖类别，其中蛤的产量最大，其次是牡蛎和扇贝。从养殖面积来看，2020年山东海水养殖面积达580350公顷，占全国养殖面积的29.1%，比2019年增长18849公顷。其中海上养殖面积达381737公顷，滩涂面积达154796公顷，其他为43817公顷。结合海水养殖产值、产量和养殖面积可以看出，山东省单位产量除了藻类高于全国平均水平，其他都低于全国平均水平，特别是甲壳类，不足全国平均水平的三成，但海水养殖的产值却居于全国第一，这说明山东省高经济价值的养殖品种较多。

从渔业生产方式来看，2020年山东省海水养殖产量最多的是筏式养殖，为1891829吨；其次是底播养殖，为1711866吨，仅这两项之和就占总产量的70.1%。从地域分布来看，各个地市依据自身的自然资源条件和产业发展情况，发展各自的优势养殖品种。青岛市以筏式养殖为主，东营市以底播养殖为主，烟台市以筏式养殖和

① 冯文波：《谋海兴渔，浪潮再起——中国海洋大学科研团队攻关黄海冷水团鲑鳟养殖技术纪实》，《中国海洋报》2016年3月9日，第3版；Jianyue Ji, et al., "The Spatial Spillover Effect of Technical Efficiency and Its Influencing Factors for China's Mariculture-Based on the Partial Differential Decomposition of a Spatial Durbin Model in the Coastal Provinces," *Iranian Journal of Fisheries Sciences* 19 (2020): 921-933.

底播养殖为主，潍坊市和威海市四种养殖方式占比均衡，日照市以筏式养殖为主，滨州市以滩涂养殖、池塘养殖和底播养殖为主。2020年，山东省普通网箱养殖达到22.4万立方米、深水网箱养殖达到28.3万立方米，而工厂化养殖达124.3万立方米水体，且占全国工厂化养殖面积的三成多。

至2020年，发展省级及以上海洋牧场7.9万公顷，国家级海洋牧场达到44家，占全国的40%，成为乡村振兴和海洋强省建设的突破口。海洋牧场建设模式以"增殖放流+人工鱼礁+藻场移植+智能网箱"的"农牧型"为主。基于各海区不同资源情况研究养殖模式，在威海桑沟湾海域，通过推行7份藻类、2份贝类、1份鱼类的"721"生态立体养殖模式，亩产经济效益增加了2.5倍，综合经济效益显著提升。①

### （四）水产品加工业发展状况

山东是渔业大省。2020年，山东省水产加工品总量为6464794吨，其中海水加工品达到6345893吨，海水加工品占全省水产加工品的98.2%，占全国海水加工品的37.8%。用于加工的海水产品为7259529吨，加工量居全国首位，海水加工品是山东水产品加工业的主营业务。2020年底，山东省拥有水产加工企业1700个，规模以上加工企业520个，水产品加工能力达到827.4万吨/年；拥有水产品冷库1909座，冻结能力达20万吨/日，冷藏能力达128.7万吨/次，制冰能力达5.2万吨/日。以上加工企业和冷库情况，除水产品加工企业居全国第二外，其他都居全国第一。海参、鲍鱼、对虾、扇贝、梭子蟹、海带等十大优势主导产业初具雏形。

水产品加工业延长了海洋渔业生产的产业链，赋予初期渔获更高的价值，在渔业经济中占有非常重要的地位，对促进渔业产业升级、实现产业增值、增加就业等有着积极的作用。但从目前来看，

① 山东省人民政府新闻办公室：《秋粮丰收在握 山东全年粮食丰产丰收已成定局》，2020年10月22日，http://www.dzwww.com/2020/jsxdnyqs/。

山东省水产加工业普遍存在初级加工品多、精深加工品少、保鲜保活技术落后等问题。近年来，山东水产品加工业以产品增值为目的，以产业调整为动力，充分利用国内国外市场资源，不断引进先进的技术和设备，提升产品质量和附加值，以增强市场的竞争力，使产量、质量和经济效益都大幅提高，成为山东渔业经济的一个重要支柱产业。

# 二 日本渔村振兴经验借鉴

日本周边水域是世界上生产力最高的水域之一，渔获种类及渔获量极为丰富。日本海岸线的总长度约为 35000 公里，约有 7000 个岛屿。沿海的许多渔村位于里亚斯型海岸、半岛和偏远的岛屿上，尽管它们具备渔业生产的有利条件，但易受自然灾害和除捕鱼以外的其他方面的影响。2019 年，日本水产厅《水产白书》调查结果表明，依托渔港的渔村有 4090 个，其中在半岛地区中占 34%，在偏远岛屿地区中占 19%。从渔村人口结构来看，日本渔村老龄化率比全国平均水平高约 10 个百分点，且渔村人口总数不断减少，截至 2019 年 3 月，渔村的人口为 184 万人。2004～2019 年日本人口变化如图 4 所示。

日本对渔业的定义除了传统意义上的开展渔业生产活动外，现代渔业还被赋予多角度的视点，如沿海地区和渔村是创造新产业的地方以及实现渔村独有的生活方式的场所。而从消费者角度来看，他们更期待渔业和渔村能够在现有的渔业供应框架之外发挥更大的作用。在渔业和渔村的舞台上，将人、渔村和消费者从人与人、人与社会多种角度有机联系起来。只有当渔村中的渔业生产良好运营时，才能展示出渔业和渔村的多功能性。但是，随着日本渔村人口的逐年减少和人口老龄化的日益严重，渔村活力渐渐下降，阻碍了渔村多方面功能的发挥。为了改善这种情况，发挥渔业多样性作用以达到振兴渔村的目的，日本做了多方面尝试。在国家政策层面，2017 年 4 月，日本内阁决议中渔业基本计划将"发挥渔业和渔村的

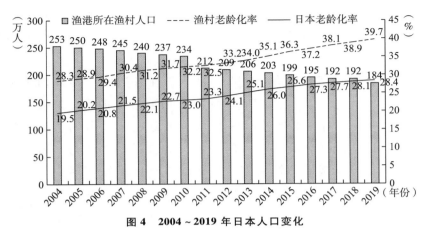

**图 4 2004～2019 年日本人口变化**

注：老龄化率是按类别划分的 65 岁及以上人口占总人口的比例；2011～2019 年，渔村的人口和老龄化率不包括岩手、宫城和福岛这三个县；调查是依托渔港所在村庄的人口和老龄化率；日本的人口老龄化是根据人口普查结果得出的。

资料来源：日本水产厅调查以及日本总务省发布的《人口估算》。

多方面功能"提上日程。① 除了让国民认识到渔村振兴的经济作用外，还提出了渔村和渔民的边境水域监测功能，形成庞大的海洋监测网络。在法律层面，修订后的《水产基本法》规定，国家和县政府需发挥渔业和渔村的多种功能，应丰富渔民活动和振兴渔村。② 因此，中央政府鼓励渔民和利益相关者发挥创造性，保护藻场和滩涂，维持、保全、改善水域生态系统，积极地采取海上救援和边境水域监测等措施，努力激发渔村的新动能。

渔村拥有丰富的海洋资源，例如丰富的自然环境、季节性的新鲜海产品、独特的加工技术、传统文化以及亲水性海洋休闲渔业活动。日本振兴渔村的重要措施之一是通过充分把握和最大限度地利用每个渔民拥有的当地资源来增加游客数量并促进交流。为此，除当地资源外，日本还根据渔村的特点采取措施，包括提高交通的便

---

① 日本水产厅：《新水产基本计划》，https://www.jfa.maff.go.jp/j/policy/kihon_keikaku/index.html，最后访问日期：2020 年 6 月 23 日。

② 《水产基本法》第三十二条（2001 年法律第 89 号），https://elaws.e-gov.go.jp/document? lawid=413AC0000000089，最后访问日期：2020 年 6 月 23 日。

利性和渔村的接待能力等；将餐饮、住宿和旅游等各要素整合起来，使其持续有效地发挥作用，并与当地社区、商会等相关主体合作。

此外，为提高当地渔业收入，日本正在开展的"沿岸活力振兴计划"和"沿岸活力振兴广域计划"有望通过促进渔业发展振兴渔村。① 这两项计划主要是通过各方面的努力在区域内创造更多的就业机会，以达到提高渔民收入的目的；为渔村创造活力，增强渔民的满足感；提高区域的知名度，从而使整个区域恢复活力。针对如何提高渔民收入，这两项计划提出了具体的数值目标，在其中提出的目标比之前增加一成以上。由于事业期间基本上为 5 年，所以渔业者的目标是通过 5 年的努力使自己的收入增加一成以上。这两项计划的基本目的是通过提高渔民收入来振兴渔村，提高渔民收入的直接措施包括渔业收入的提高（扩大销售）和渔业成本的消减（降低成本），因此将这两项措施作为促进计划实施的手段，基于此，日本政府出台了各种补助支援措施。日本政府重点支持的项目包括支持重组整顿项目、支持新的渔业就业者项目、支持水产加工业经营改善项目、海域监测项目、支持渔村中女性就业项目、引进新技术和低成本的水资源项目、防止有害生物项目、资源增值项目，以及其他保障水产供应基础项目等。②

## 三　山东海洋渔业发展对策

### （一）"良种""良法"养殖模式的建立

随着海水养殖集约化、现代化水平的稳步提高，山东应重点发展人工精养模式，特别是为顺应海洋渔业转型升级和海洋生态文明

---

① 日本水产厅：《沿岸活力振兴计划和沿岸活力振兴广域计划》，https://www.jfa.maff.go.jp/j/bousai/hamaplan.html，最后访问日期：2020 年 6 月 23 日。

② 龟冈鉱平：《沿岸活力振兴计划的作用和区域渔业振兴相关课题研究》，《农林金融》2017 年第 5 期。

建设的需要，积极建设人工鱼礁，推动海洋牧场的发展。"增殖型鱼礁""渔获型鱼礁""休闲垂钓型鱼礁""海珍品繁育型鱼礁"等是山东依据近岸优良海域投放的人工鱼礁群的主要类型。2019 年 1 月 12 日，《山东省现代化海洋牧场建设综合试点方案》中确立了"一体两带三区四园多点"的空间布局，形成近浅海和深远海协调发展的新格局。① 充分利用山东的海洋科技优势，促使科研院所与重点企业对接，推行"龙头企业 + 合作社 + 渔户 + 科研单位"的产学研养殖模式。培育基于海洋牧场的休闲海钓产业，引导海水养殖与海洋休闲旅游产业相互发展。探索深远海养殖方式，开赴黄海冷水团水域养殖三文鱼等高价值冷水鱼类，推进海洋牧场走向深蓝。

## （二）以市场需求为导向调整产业结构

发挥山东渔业资源比较优势，以需求导向进行产业结构调整。受渔业自然资源的制约，山东海洋捕捞产量平稳降低，处于负增长发展阶段，而海水养殖业特别是海洋牧场和机械化养殖成为发展趋势。随着社会的发展，消费者的需求偏好、购买行为有了很大变化。消费引导是国家或社会群体对消费者的消费爱好、风气、知识和情趣等方面的有意识的影响。在进行产业结构的优化和调整时，只有以市场需求为基础，才能实现推动产品规模迅速扩大的目的。

以消费者需求为导向发展水产品的精深加工，调整产业结构，提高产品附加值，增强企业竞争力，结合山东省沿海地区社会经济和渔区基础条件，打造水产品研发和加工基地，借此推进产业集群化和产业链的延伸。此外，品牌的建立可以提高顾客的忠诚度，提高企业的知名度，并对市场的需求做出快速反应。品牌的创立和维护在保持高品质的同时还要提高企业自身的核心竞争力，并建立全程可追溯系统以保障产品质量。

---

① 《新闻发布会 | 解读〈山东省现代化海洋牧场建设综合试点方案〉》，2019 年 1 月 22 日，http://www.shandong.gov.cn/art/2019/1/22/art_81283_32854.html，最后访问日期：2021 年 5 月 22 日。

## （三）推进渔业第一、第二、第三产业融合和上下游跨界发展

推进农村第一、第二、第三产业融合发展，是我国经济步入新常态、农业农村发展进入新阶段做出的重大决策。山东在推进渔业现代化发展的过程中，迫切需要推进渔业第一、第二、第三产业融合发展以及上下游跨界发展，以延伸产业链、增效增值发展渔业经济。

培育发展新型渔业经营主体。推进多种形式的规模经营，创建示范性渔业专业合作社和家庭渔场，引导新型渔业经营主体在推进渔业第一、第二、第三产业融合发展的过程中发挥主导作用，增强个体渔民参与渔业发展的能力，使渔民渔业经营由"单打独斗"模式转变成"团体合作"模式，促进渔业第一产业向第二、第三产业自然延伸，分享融合发展带来的红利。

加快渔业的生产环节、销售环节和服务环节的前后延伸。目前，山东海水养殖业特别是海洋牧场发展势头强劲，依托海洋牧场和工厂化养殖，发展渔业产业园区。在海水养殖的基础上，引进水产品精深加工，提高水产品的附加值；建立冷链物流和营销网络，搭建市场交易电商平台，通过产业投资助推、工业互联网赋能，打造具有源头优势的生鲜供应链平台，实现生鲜供应链"最先一公里"。

# Study on the Development of Shandong Marine Fishery by Learning from the Experience of Japan Fishing Village Revitalization

Guan Xiaomu

( Marine Economic and Cultural Research Institute, Shandong Academy of Social Sciences, Qingdao, Shandong, 266071, P. R. China)

**Abstract:** Marine fishery is the pillar industry of Shandong's economy. Shandong's marine economic development strategy has successively experienced the "Marine Shandong" strategy, marine economic development pilot sites, blue economic zone construction, new and old kinetic energy conversion comprehensive pilot areas, etc. Shandong's marine economic development gradually rises to a national strategy. This article analyzes the current situation of Shandong's traditional marine fishery development by combing through the overall situation of Shandong's fishery economic development, as well as the development status of marine fishing industry, mariculture industry and aquatic product processing industry. The revitalization of Japanese fishing villages is carried out from the legal level, national policy level and consumer level. Learning from Japanese experience, the paper attempts to put forward policy recommendations from the transformation of aquaculture mode, industrial structure adjustment, and industrial integration development to promote the revitalization of Shandong fishing villages.

**Keywords:** Marine Fishery; Fishery Resource; Japanese Fishing Village Revitalization; Marine Fishing Yield; Reception Capacity of Fishing Village

（责任编辑：孙吉亭）

· 海洋区域经济 ·

# 关于深化深港合作加快推进深圳市建设全球海洋中心城市的建议初探

何光远 *

摘　要　　本文通过国内外相关权威榜单分析，提出了全球海洋中心城市的核心特质，认为全球海洋中心城市的重要特征是具备区域枢纽港和滨水中心区，具有一定影响力的航运、贸易、金融中心城市。从国家海洋强国战略和深圳特区经济持续发展两方面，明确了深圳建设全球海洋中心城市的重要意义和发展方向。在香港已基本成为全球海洋中心城市的背景下，提出了通过深化深港合作，建设深港贸易双子城、深港组合港，推动深港"科技＋服务"合作，以及深港共建前海全球海洋中心城市核心区的建议，为推进深圳全球海洋中心城市建设提供参考。

关键词　　海洋中心城市　城市核心　城市建设　深港合作　国际航运枢纽

＊　何光远（1985~），男，深圳市前海深港现代服务业合作区管理局主任职级工作人员，高级工程师，国家注册规划师，主要研究领域为海洋经济、城市规划管理。

# 一　国内相关研究评述

"全球海洋中心城市"概念来源于梅农经济（Menon Economics）发布的《全球领先海事之都》，北京大学张春宇博士为适合中文表意，充分体现其内涵，将其翻译为"全球海洋中心城市"。目前，国内部分学者从评价体系、全球实践等不同角度对全球海洋中心城市的概念、特征等进行了一定研究，部分学者也对上海、深圳等城市建设全球海洋中心城市提出相关建议。

张春宇认为，全球海洋中心城市不仅应在航运、贸易、海洋金融、海洋法律、海洋科技和海洋发展体系等方面具有优势，还应具备优良的营商环境、完善的海洋产业，以及国际化便利的生活环境，对海洋企业、海洋高端人才具有强大的吸引力和凝聚力。[1]

深圳市政协人资环委课题组全面分析了全球海洋中心城市的概念特征以及全球实践经验，分析了深圳建设全球海洋中心城市的优势和不足，并提出相关建议，认为建设全球海洋中心城市不能仅局限于海洋经济问题，国际航运枢纽地位才是全球海洋中心城市的竞争焦点，建议要拓展提高深圳国际航运枢纽地位，加快延伸现代海洋服务业产业链，创新引领促进海洋新兴产业发展，大力吸引和培养高端海洋人才。[2]

杨钒等认为，全球海洋中心城市是以具有综合功能或多种主导功能的现代化城市为载体，在海洋经济、海洋资源、海洋生态、海洋文化、海洋科技、海洋旅游等相关领域发展形成增长极，集聚、吸引相关资源，以进一步辐射带动所在区域社会经济发展的城市类型。[3]

---

①　张春宇：《如何打造"全球海洋中心城市"》，《中国远洋海运》2017 年第 7 期。
②　深圳市政协人资环委课题组：《推进深圳全球海洋中心城市建设》，《特区实践与理论》2020 年第 2 期。
③　杨钒、关伟、王利、杜鹏：《海洋中心城市研究与建设进展》，《海洋经济》2020 年第 6 期。

周乐萍认为，全球海洋中心城市就是具有海洋属性的全球中心城市，是全球海洋发展系统的中枢或世界海洋城市网络体系中的组织节点，是全球城市、中心城市和海洋城市的合集，既具有全球城市的国际影响力和对外开放度、中心城市的区域规模效应和辐射带动效应，同时也具有海洋城市的特有属性。周乐萍认为，全球海洋中心城市可以构建"3－6－36"的评价指标体系，即国际竞争力、国际影响力、国际吸引力 3 个一级指标，区域经济中心、区域创新中心、区域文化中心、区域服务中心、区域开放中心、区域海洋中心 6 个二级指标以及 36 个三级指标，并据此对国内主要沿海地区海洋中心城市进行了评分和排名，上海、深圳排前两位。①

秦正茂和周丽亚认为，作为全球海洋中心城市，新加坡的成功经验主要体现在充分利用本地海洋资源、实施开放的全球化战略、构建海事全产业链、重视海洋科技与文化等方面。建议深圳延伸海洋产业链，推动海洋经济高端化发展；实施全球战略，提高海洋产业开放程度；发展海洋科技，提升海洋软实力。②

张沁和王艳认为，全球海洋中心城市的主要特征为典型的航运中心、海洋科技水平发达、海事与金融法律完善。③

上述学者均对全球海洋中心城市的概念、特征进行了较全面系统的分析，也提出了方向性的建议。然而，从事物的发展路径出发，对如何找到全球海洋中心城市的核心特质，重点突破、由点及线，加快推动全球海洋中心城市建设，一直缺乏具体的论述，鲜有具体操作层面的实施建议。

---

① 周乐萍：《全球海洋中心城市之争》，《决策》2020 年第 12 期。
② 秦正茂、周丽亚：《借鉴新加坡经验 打造深圳全球海洋中心城市》，《特区经济》2017 年第 10 期。
③ 张沁、王艳：《深圳发展全球海洋中心城市的优势与突围策略》，《特区经济》2021 年第 3 期。

## 二 深圳建设全球海洋中心城市的核心特质

目前，全球海洋中心城市仍未形成相对成熟的评价体系。本文拟将全球海洋中心城市分解为全球城市和海洋中心城市两部分，并选取全球化与世界城市研究网络（GaWC）制作的《世界城市名册》全球城市排名，以及梅农经济公布的"全球海事之都"榜单，进行叠加分析，试图找出全球海洋中心城市的核心特质。

《世界城市名册》关注的是该城市在全球活动中具有的主导作用和带动能力，将入围的全球城市划分为 5 档 12 级，最高层次的全球城市为 Alpha＋＋级。根据《世界城市名册 2020》，Alpha 级及以上级别的城市如表 1 所示。

表 1　2020 年全球城市排行榜单

| 序号 | 等级 | 城市 | 序号 | 等级 | 城市 |
|---|---|---|---|---|---|
| 1 | Alpha＋＋ | 伦敦 | 13 | Alpha | 孟买 |
| 2 | | 纽约 | 14 | | 阿姆斯特丹 |
| 3 | Alpha＋ | 香港 | 15 | | 米兰 |
| 4 | | 新加坡 | 16 | | 法兰克福 |
| 5 | | 上海 | 17 | | 墨西哥城 |
| 6 | | 北京 | 18 | | 圣保罗 |
| 7 | | 迪拜 | 19 | | 芝加哥 |
| 8 | | 巴黎 | 20 | | 吉隆坡 |
| 9 | | 东京 | 21 | | 马德里 |
| 10 | Alpha | 悉尼 | 22 | | 莫斯科 |
| 11 | | 洛杉矶 | 23 | | 雅加达 |
| 12 | | 多伦多 | 24 | | 布鲁塞尔 |

全球领先的海事之都评价体系主要从航运、海事金融与法律、海事科技、港口与物流、吸引力与竞争力五大领域对全球著名海洋城市进行评价，根据 2019 年"全球海事之都"榜单，排名前十五

的城市如表 2 所示。

表 2  2019 年"全球海事之都"榜单

| 总排名 | 城市 | 客观指标排名 | 主观指标排名 |
|---|---|---|---|
| 1 | 新加坡 | 1 | 1 |
| 2 | 汉堡 | 4 | 3 |
| 3 | 鹿特丹 | 2 | 7 |
| 4 | 香港 | 5 | 5 |
| 5 | 伦敦 | 7 | 4 |
| 6 | 上海 | 6 | 6 |
| 7 | 奥斯陆 | 10 | 2 |
| 8 | 东京 | 3 | 11 |
| 9 | 迪拜 | 9 | 9 |
| 10 | 釜山 | 8 | 14 |
| 11 | 雅典 | 11 | 12 |
| 12 | 纽约 | 13 | 10 |
| 13 | 哥本哈根 | 15 | 8 |
| 14 | 休斯敦 | 12 | 15 |
| 15 | 安特卫普 | 14 | 13 |

将两榜单叠加会发现，不乏类似釜山、安特卫普等在"全球海事之都"榜单中排名靠前，但在"全球城市"中排名较靠后的城市，此类城市一般仅在航运等专门领域具有较强实力，综合实力相对不强。伦敦、纽约、香港、新加坡、上海、迪拜、东京等七个城市在上述两榜单中排名均较靠前。从国家赋予上海、深圳全球海洋中心城市的使命来看，深圳版全球海洋中心城市应是能够媲美上述七个城市的类型。通过分析提取七个城市的共同特征，可归纳总结出深圳建设全球海洋中心城市需重点抓住的核心特质。

本文首先通过分析百度百科中对上述城市的关键词描述，总结提取出航运、金融、贸易、港口以及城市核心区五个方面的主要共同特征。再通过已有较成熟的专项评价体系，对上述城市的五个方面指标排行情况进行检验。在航运方面，选取 2020 年新华·波罗的海国际航运中心发展指数；在金融方面，选取英国智库 Z/Yen 集团与中国（深圳）综合开发研究院"第 29 期全球金融中心指数"；在贸易方面，缺乏较权威的评价体系，但国内部分学者对国际贸易中心评价指标体系进行了探索构建，各体系对全球国际贸易中心城市的排名相差不大，本文选取魏颖"2019 年全球城市新型国际商贸中心指数"①；在港口方面，按照集装箱吞吐量排名不能客观反映各港口的综合实力，通过选取英国《劳氏日报》发布的 2019 年全球百大集装箱港口最新榜单以及百度百科关键词相结合进行说明；在城市核心区方面，按照百度百科及百度搜索相关城市的空间规划，明确城市核心区位置。结果如表 3 所示。

表 3　全球海洋中心城市特征一览

| 序号 | 城市 | 2018 年生产总值（亿美元） | 港口排名 | 航运排名 | 金融排名 | 贸易排名 | 核心区 |
|---|---|---|---|---|---|---|---|
| 1 | 伦敦 | 6532 | 70（全英国最繁忙港口） | 2 | 2 | 1 | 金融城（滨河） |
| 2 | 纽约 | 8017 | 15（北美洲最繁忙港口） | 9 | 1 | 2 | 曼哈顿（滨海） |
| 3 | 香港 | 3660.3 | 7（亚洲重要的海上运输枢纽） | 4 | 4 | 3 | 中环（滨海） |
| 4 | 新加坡 | 3610 | 2（世界最繁忙港口、亚洲主要转口枢纽之一） | 1 | 5 | 5 | 中央地区（滨海） |
| 5 | 上海 | 5091 | 1（中国最大枢纽港之一） | 3 | 3 | 4 | 浦东新区（滨河） |
| 6 | 迪拜 | 1084 | 10（世界最大的人工港） | 5 | 19 | 9 | 商务港（滨海） |
| 7 | 东京 | 7590 | 35（集装箱吞吐量居日本首位） | 10 | 7 | 7 | 东京都中心（滨海） |

综上，我们可以得出全球海洋中心城市的三大核心特质。

---

① 魏颖：《新型国际商贸中心指数编制研究》，《现代商业》2019 年第 36 期。

## （一）具有区域枢纽港的航运中心城市

上述七个城市均具有在某个区域内的枢纽港口，且在 2020 年新华·波罗的海国际航运中心发展指数排名中均排在前 10 名。虽然从港口吞吐量来看，上述个别城市的港口因产业升级，货物吞吐量下降，但其仍是一定区域内的枢纽港，且具有强大的航运总部，海事服务等航运现代服务业发达。

## （二）一定区域的金融贸易中心城市

除迪拜因尚属于建设发展期的新兴城市，在"第 29 期全球金融中心指数"排名相对靠后外，上述所有城市普遍在"第 29 期全球金融中心指数"和"2019 年全球城市新型国际商贸中心指数"中排在前 10 名。虽然迪拜的金融中心指数排名相对靠后，但其也是公认的中东地区经济金融中心。国内有学者曾对金融中心和贸易中心的关系进行过研究，认为贸易中心与金融中心本就存在相互影响、相互支撑、互为前提的密切关系。①

## （三）具有滨水中心区的城市

上述城市均具有滨海或滨河的城市中心区域，集聚了城市的总部经济、金融等核心功能，打造了优美宜人的滨水环境，展示了海洋文化，成为彰显全球海洋中心城市的窗口。

从上述特征可以看出，航运、贸易、金融才是全球海洋中心城市的核心产业。

据初步统计，2017 年在中国主要沿海城市中深圳的海洋产值仅排名第 8 位，选择 2017 年进行统计是因为 2017 年各城市数据相对齐全；而在近两年公布的金融竞争力、进出口总额、港口集装箱吞吐量等排行榜中，深圳均居于前三位（见表 4），海洋产值较高的天

---

① 潘辉：《国际贸易中心与国际金融中心互动关系的实证研究——兼论上海两个中心建设》，《亚太经济》2014 年第 6 期。

津、青岛等这三项排名均较靠后。这也解释了为什么在深圳海洋经济产业增加值不高、海洋科技研发水平不高的情况下，国家选择将深圳建设成全球海洋中心城市。将深圳建设成全球海洋中心城市就是要将其打造为具备区域枢纽港和滨水中心区，具有一定影响力的航运、贸易、金融中心城市。

**表 4　中国主要沿海城市海洋经济相关情况**

| 序号 | 城市 | 2017 年海洋产值（亿元） | 2020 年中国内地城市金融竞争力排行榜 | 2019 年中国进出口总额城市排行榜 | 2020 年全国港口集装箱吞吐量排行榜 |
|---|---|---|---|---|---|
| 1 | 上海 | 8534 | 2 | 1 | 1 |
| 2 | 天津 | 5506 | 9 | 8 | 6 |
| 3 | 宁波 | 4819 | 12 | 7 | 2 |
| 4 | 青岛 | 2909 | 19 | 11 | 5 |
| 5 | 大连 | 2709 | 23 | 15 | 10 |
| 6 | 广州 | 2632 | 5 | 6 | 4 |
| 7 | 厦门 | 2281 | 18 | 9 | 7 |
| 8 | 深圳 | 2224 | 3 | 2 | 3 |
| 9 | 杭州 | — | 4 | 13 | — |
| 10 | 苏州 | — | 7 | 4 | 8 |

# 三　深圳建设全球海洋中心城市的重要意义

## （一）引领国家海洋强国建设，实现民族复兴的需要

根据 DNV GL 集团和梅农经济在 2018 年德国汉堡海事展上联合发布的《2018 世界海事领先国家》报告，中国在国际航运国家中排名居首位。然而，中国一直以海洋大国自居，海洋产业大而不强，缺乏匹配海洋强国地位的核心影响力和竞争力，难称海洋强国。党的十八大报告、党的十九大报告均明确提出中国要建设海洋强国。然而，作为当今世界历史最悠久的海陆大国，受到以内向化、农耕文明为基本特征的中原文化影响，中国曾长期忽视海洋，在海洋文

化、海洋规则、海洋服务、海洋资源开发利用等方面处于落后地位，需要通过打造全球海洋中心城市，引领国家海洋强国战略发展，推动国家尽快建成海洋强国。

对外贸易一直是拉动中国经济增长的"三驾马车"之一。有数据显示，外贸出口增长 10%，基本上能够拉动 GDP 上升 1%，外贸对中国经济增长的年均贡献率超过了 20%。改革开放 40 多年来，正是外贸的快速发展推动了中国成为世界第二大经济体、世界第一大贸易国。当前，在美国战略打压不断升级、国内产能过剩、大规模投资难以为继、内需消费短期难以大幅提升的形势下，外贸仍是保障中国经济持续健康发展的重要动力。由于航运物流成本最低，全球大规模的对外贸易均通过水路运输，因此航运与贸易息息相关。根据国内学者的研究结论，贸易与金融同样高度相连，国家或城市的贸易和金融能力体现了其国际影响力和领导力。因此，美国学者马汉在《大国海权》中认为，"得海权者得天下，大国崛起海上是必经之路"。顶尖的全球海洋中心城市无一例外是航运中心、贸易中心和金融中心的统一体。通过推动全球海洋中心城市建设，充分发挥深圳金融和贸易优势，积极打造国际贸易和金融中心，开展城市民间外交，扩大朋友圈，提升国际影响力，有利于助力国家和平发展。

海洋作为"地球之母"，孕育着大量的资源，全球大部分海洋目前仍属于公共之地，国际上对海洋资源权属分配基本遵守"先到先得"的原则，而以美国为首的西方国家占据了大量的矿产、渔业等相关海洋资源。作为一个拥有 14 亿人口的大国，中国需要将维护国家资源、能源安全问题摆在更加突出的位置。据美国有关部门统计，若中国人均消费达到美国的水平，将需要 4 个地球的资源供给。为了保证中国资源、能源安全，需要以全球海洋中心城市建设为契机，积极依托深圳科技制造优势，发展海洋新技术，推动海洋渔业、矿产探采、海洋新能源等产业发展，向海洋要资源，保障中国居民消费升级。

## （二）创建新经济特区，引领深圳持续发展的需要

深圳经济特区成立40多年以来，从一个小渔村发展为国际性大都市，取得了让世界瞩目的成绩。然而，随着特区已有创新成果不断复制推广到全国各地，特区改革进入"深水区"，"特区不特"的问题日益凸显。近年来，中共中央、国务院先后发布了《粤港澳大湾区发展规划纲要》和《深圳建设中国特色社会主义先行示范区综合改革试点实施方案（2020—2025年）》等文件，要求深圳充分利用"双区叠加"优势，继续深化改革创新。

在海洋经济领域，深圳市已承担了全球海洋中心城市和深圳市海洋经济发展示范区建设两项国家级使命。全球海洋中心城市的核心任务就是通过航运、贸易、金融产业的发展，不断提升城市的全球影响力，与深圳市"双区"建设根本任务一致。若能以"海洋双区"建设撬动全市"双区"建设，围绕"海洋"主题推动各项改革创新，促进改革创新"下海"，将有利于找到新的改革创新方向，提供新的改革创新动力，为国内其他城市发展继续探索更多改革创新经验。

## 四 深港合作推动深圳全球海洋中心城市建设

从目前全球海洋中心城市布局来看，没有在同一区域内拥有两个全球海洋中心城市的现象。在香港已成为全球海洋中心城市的情况下，深圳争创全球海洋中心城市必须深化深港合作。

深圳特区的建设发展本就源于香港的带动，是香港—深圳"前店后厂"合作模式深入发展的结果，香港航运业两次繁荣也离不开与内地的同频共振。近年来，随着深圳生产总值超越香港，香港越来越将深圳当成竞争对手。深圳市前海深港现代服务业合作区成立后，香港部分人士认为这是深圳在抢夺香港航运、金融等现代服务业的最后一块"蛋糕"，一直心存警惕。其实，香港虽然近年来在集装箱吞吐量等方面的优势呈减弱趋势，但在航运、金融、海事

服务等方面仍具有无可匹敌的优势。深圳要建设全球海洋中心城市一定要依托香港，打消香港顾虑，全面加强与香港的合作，达到"1＋1＞2"的效果，推动深港合作，争创全球海洋中心城市。

## （一）打造"双循环"背景下深港贸易合作"双节点"

在当前以国内大循环为主体、国内国际双循环相互促进的新发展格局下，可探索将香港打造成国际循环的主要节点，将深圳打造成国内循环的主要节点，充分利用深圳与香港毗邻的优势，打造深港贸易合作"双节点"模式。推动深圳、香港合理优化分工，将深圳打造成继海南进口免税消费、上海大宗商品进口博览会两大进口代表性品牌后，以出口贸易为代表的品牌城市。将香港打造成以转口贸易、进口消费为代表的城市。双方以前海合作区（前海综合保税区）为桥梁，实现国内国际经济"双循环"。

在具体实施模式上，可探索将"中英街"深港共管模式升级复制到前海合作区，探索在前海合作区内的其他区域实施深港共管，适度封闭运行。深圳市前海深港现代化服务业合作区前海管理局可引进香港工作人员、企业、商户，加快推进前海口岸和客运码头建设，实现前海水运与香港主要区域的公交化运行，建立便捷的交通联系，在片区内实现人员、资金、货物的相对自由流动，进一步创新贸易便利化措施，逐步探索"由街（中英街）到区（前海片区），再由区（前海片区）到市（深圳市）"的深港合作模式，推动深港融合发展，打造国际贸易中心双子城。

## （二）以"深圳前海"国际船舶登记制度改革推动深港组合港建设

船舶登记制度主要分为开放登记制度（又称方便旗制度）和封闭登记制度。出于国家安全的考虑，国际上包括中国在内的主要大国都采取封闭登记制度，对船舶采取规范相对严格的管理。然而，巴拿马、开曼群岛等小国为了增加税收收入，普遍推行相对宽松的船舶登记制度，吸引了大量国际船舶悬挂所谓方便旗。20 世纪 80

年代起，一些主要海运大国为吸引国际船舶回归，借鉴方便旗国的某些政策措施，实行了第二船籍登记制度，即同一艘船舶同时具有两个国家（地区）的船籍登记，相当于具有"双重国籍"。

作为采取封闭登记制度的国家，中国国际船舶流失问题同样十分严重。据统计，中国航运企业80%以上的新造中资船舶选择了悬挂方便旗，形成了庞大的"中资外籍"船舶。为妥善解决这一问题，国内以上海"洋山国际船籍港"为代表的区域也曾进行过类似于国外主要国家的第二船籍登记制度改革探索，即把中国航运企业中悬挂方便旗的"中资外籍"船舶视作"保税船舶"，对不进入国内市场的国际航行船舶按保税船舶登记的模式探索，后因与国家税收政策不符，未能推广实施。

香港是实行方便旗制度的区域，香港船东船舶管理公司所拥有或管理的商船船队占全球商船船队的10%左右。"洋山国际船籍港"的探索经验在上海难以推广，但在深港合作的背景下，可成功推行。双方可依托"中国前海"船籍港，进一步深化合作，探索推行国际船舶登记制度改革，将"中国前海"船籍港打造成具有"一国两制"下的中国香港船籍，兼具中国香港和内地两者优势的组合港。凡登记在"中国前海"船籍港的船舶，在国际航线可悬挂中国香港方便旗，在国内航线可悬挂五星红旗，均可畅行无阻。该政策可先行以悬挂香港方便旗的中资船舶做试点，不断探索改革，有效避免税收外流。在具体操作上，可由香港海事处和深圳海事局共同在前海合作区组建一个新的船舶登记机构，由香港主导机构管理。

同时，进一步整合香港、深圳等区域重要港口资源，成立航运联合公司，统一港口管理，可给予香港主导权、深圳重大事项否决权，港口功能合理分工，发挥香港高端航运服务业、航运人才优势，以及深圳港口吞吐能力、智慧港优势，依托"一带一路"开辟更多国际航线，实现从登记制度到港口管理的全面组合港模式，共同提升区域港口的竞争力。

### （三）创新"科技 + 服务"深港航运合作新模式

近年来，随着世界经济增速的放缓，香港除港口货物吞吐量不断下滑以外，航运企业盈利水平下降，航运公司、业务、人才流出香港的问题也日益凸显，长此以往香港航运服务业的优势也恐将不复存在。

香港是航运业生态链的缔造者和参与者，而深圳一直以科技创新闻名，若能充分叠加两地优势，以深圳的科技创新助力香港的航运服务业脱困升级，以香港的制度优势助力深圳的科技企业下海开拓国际市场，将实现双赢，提升两城市整体竞争力。香港可定位为国际航运"超级联系人"和智慧服务中心，由货运服务型向高端服务型转变，更多地在航运模式创新、行业规则制定等方面有所作为。深圳则应在航运科技应用方面重点突破，双方共同为全球航运业创新发展贡献"深港方案"。

同时，未来在碳达峰、碳中和等硬目标约束下，深圳可充分依托新能源科技产业优势，积极研发新能源船舶，并协助香港共同推动新能源船舶配套制度创新工作。香港重点在新能源船舶登记、金融支持、船舶交易等制度方面进行探索创新，深圳重点推动新能源船舶研发、设计、制造、标准制定、数据中心等相关工作，双方合理分工、密切配合，打造完整的新能源船舶产业链，共同开拓国际航运市场。在具体操作上，结合当前新能源船舶研发制造的技术水平，可以技术相对成熟的新能源游艇为突破口，进行试点登记、金融、设计、交易等工作，为推动未来新能源船舶市场整体发展探索经验。

### （四）深港合作打造前海全球海洋中心城市核心区

目前，全球海洋中心城市都拥有滨水城市中心区，作为集中展示海洋中心城市特色的窗口。深圳要建设全球海洋中心城市，也应优先集中力量打造滨水核心区。核心区选址应毗邻香港，这有利于推进深港合作；要靠近产业、人口中心，宜优先安排在深圳西部滨海区域。滨水核心区同时应具有足够的可开发空间，全市范围内满足上述条件的区域仅有前海蛇口自贸片区和海洋新城两个地方。

当前，前海合作区已基本明确扩区方案，深圳市应邀请香港共同参与打造前海全球海洋中心城市核心区，借鉴香港在海洋中心城市建设方面的先进经验和设计建设标准，完善重大涉海深港合作设施，加快推动海洋银行、海洋智库、人工沙滩等重大设施建设。同时，以"海洋"为主题统筹前海深港合作和制度创新工作，大力开发海洋体育赛事或文化娱乐活动品牌，将海洋文化融入市民日常生活，高标准打造深圳市全球海洋中心城市的核心窗口。

# The Preliminary Study of Deepening the Cooperation between Shenzhen and Hong Kong in Order to Accelerate the Construction of Shenzhen Global Ocean Central City

*He Guangyuan*

*( Shenzhen Qianhai Shenzhen-Hong Kong Modern Service Industry Cooperation Zone Administration Bureau, Shenzhen, Guangdong, 518000, P. R. China)*

**Abstract:** Through the analysis of relevant authority lists around the world, this paper puts forward the core characteristics of global marine central cities, and considers the important characteristics of global marine central cities including shipping, trade and financial central cities with regional hub ports and waterfront central areas. From the two aspects of the development of national marine power strategy and the sustainable economic of Shenzhen, this paper defines the significance and development direction of building Shenzhen into a global marine central city. Hong

Kong is a global marine center city, according to this background the paper puts forward some suggestions on deepening the cooperation between Shenzhen and Hong Kong in the iterative development of trading, the cooperation of marine science and technology, shipping, trade, finance and other industries etc. , in order to promote the construction of Shenzhen as a global marine center city. This paper provides suggestions and references for promoting the construction of Shenzhen global marine center city.

**Keywords:** Ocean Center City; City Core; Urban Construction; Shen zhen-Hong Kong Cooperation; International Shipping Hub

（责任编辑：谭晓岚）

# 福州加快海洋经济强市建设的思考

林丽娟 *

摘　要　福州市作为中国重要的海港城市，港口开发历史悠久，海洋自然资源丰富，产业基础优越，区位特征独特，福州市建设海洋经济强市基础明显、优势突出，但也存在海洋产业结构不优、海洋科技创新研发基础薄弱、海洋生态环境承载能力下降、海洋经济国际交流合作尚待加强等诸多问题与压力。深入推进海洋经济强市建设应以海洋产业、科技创新、海区环境治理、国际交流互通等方面的进一步提升为基本着力点，加快构建现代海洋产业体系，强化海洋科技创新能力，加强对海洋生态环境的保护，深入开展海洋经济国际交流互通，着力推动海洋经济体制机制创新。

关键词　海港城市　海洋经济强市　海洋产业　海洋科技创新海洋生态环境

当今世界，全球沿海各国之间海洋经济合作日趋加强、竞争日趋激烈，国内沿海城市蓝色经济发展也呈现千帆竞发、百舸争流的态势。根据国内外海洋经济发展的新趋势，党的十八大报告提出，

---

* 林丽娟（1966~），女，福州市社会科学院副院长、副研究员，主要研究领域为区域经济学。

中国应"发展海洋经济，保护生态环境，坚决维护国家海洋权益，建设海洋强国"①。为了进一步增强中国在海洋领域的综合实力，党的十九届五中全会强调，要"坚持陆海统筹，发展海洋经济，建设海洋强国"②。所有这些都为福州新时代海洋经济发展提供了重要的方向和遵循。因为福州有特殊区位和资源禀赋，又有"多区叠加"的政策推动，所以在海洋经济强市建设方面可谓有得天独厚的优势。20世纪 90 年代初，时任福州市委书记的习近平同志提出建设"海上福州"战略构想，当时明确指出："福州的优势在于江海，福州的出路在于江海，福州的希望在于江海，福州的发展也在于江海。"③多年来，福州市始终遵循习近平总书记这一决策部署，并把它作为城市发展的长远战略，不断做大做强海洋经济，"海上福州"建设的探索实践成效显著。目前，福州进入全方位推动高质量发展超越的关键时期，如何进一步发挥自身独特优势、深度对接国家战略、全力推进海洋经济强市建设，是加快福州城市发展的重大战略选择。

## 一　福州建设海洋经济强市的基础及优势

福州市位于福建省东部，作为中国重要的海港城市，福州港口开发历史源远流长，拥有丰富的海洋自然资源，产业基础雄厚，区位特征独特，所以福州的海洋经济强市建设基础明显、优势突出。

### （一）历史底蕴深厚

福州港口经济发展起源于汉朝时期，当时福州人民就开辟了对

---

① 胡锦涛：《坚定不移沿着中国特色社会主义道路前进 为全面建成小康社会而奋斗——在中国共产党第十八次全国人民代表大会上的报告》，人民出版社，2012，第 39~40 页。
② 《中共中央关于制定国民经济和社会发展第十四个五年规划和二〇三五年远景目标的建议》，《人民日报》2020 年 11 月 4 日，第 1 版。
③ 邱然、黄珊、陈思：《"近平同志强调要敢做时代的弄潮人"——习近平在福州（十四）》，《学习时报》2020 年 1 月 10 日，第 3 版。

外商贸文化交流的海路通道东冶港,《后汉书·郑弘传》记载:"旧交趾七郡贡献转运,皆从东冶,泛海而至。"甘棠港时期,安史之乱后,中原区域经济一蹶不振。福州港迅速扩大发展重新崛起,跟广州、扬州两港齐名,成为古代海上丝绸之路最重要的三大外贸中转港口之一。福州闽王祠的唐代木刻石碑《恩赐琅琊郡王德政碑》记载:王审知开辟了福州甘棠港。到了宋代,福州港与泉州港已经实现了"比翼双飞",发展成为当时中国南方社会经济重镇。福州当时的南方丝绸业发展跟海外交流非常密切,是当时中国南方在对外贸易中直接出口外国丝绸的重要原料来源地和丝绸主产地。宋元年间,福州各个主要港口的百货航运业相当发达,海产品的贸易逐渐变得十分繁盛,龙昌期曾写诗说道:"百货随潮船入市,万家沽酒市垂帘。"鲍祗的诗称:"两信潮生海涨天,鱼虾入市不论钱。"到了明代太平港时期,明初海禁以后,不允许帆船、舢板出去,要关闭海关,那时候泉州港已经衰落,福州港逐渐兴起。当时的福州港即今天长乐的太平港,明朝时期,郑和就已经带着庞大的船队七次横渡西洋,其中六次是从长乐的太平港出海远航的,他的船队是从江苏的泰昌起航的,但是起航以后一直沿着海岸线,并不是真正意义地走向深海,到国际水域去航行,而是沿着海岸线南下,到长乐的太平港进行物资补给,物资补给以后才真正走向深海,到国际水域去远航。郑和下西洋在历史上堪称"大航海时代"的壮举,促进了近代中国福州航运事业的繁荣和快速发展,太平港在多次适应郑和下西洋的巨大航运历史变化壮举中,成为"海上丝绸之路"的重要主港。鸦片战争时期,中英《南京条约》正式公布签订后,中国政府被迫进行改革并重新开放中国福州港口作为一个国际通商口岸,福州港成为许多物资如武夷红茶、木材、竹笋等的外贸、航运中心,至此打开了福建近代对外贸易史的新篇章。所以在丝绸之路的历史上福州具有特殊的地位,江海开发自古以来同福州城市发展都有着密切的关系。

## （二）区位条件优越

处于中国东南部的福州，是东部地区唯一的隔着台湾海峡与中国宝岛台湾互相遥望的沿海省会城市，与港澳、东南亚靠近且经济往来紧密，南接珠三角，北连长三角，西部与内陆经济腹地连接，特殊的区位优势使福州可以充分受益于周边发达地区的经济发展。与台湾隔海相邻是福州最重要的区位特征，中国的经济中心主要在东部，除了广东、广西、海南外，从其他东部港口出发的进出口物资都要经过台湾海峡，所以福州在中国海洋交通运输以及对外经贸往来中的地理位置是非常独特、优越的。当然两岸关系的深度融合，也会成为支持福州海洋经济发展的一个重要基础。福州作为著名侨乡，由于与台湾邻近，侨、台资源优势显著，400 多万人福州籍境外乡亲中仅台湾乡亲就达 80 多万人，这些独具一格的人脉资源成了加强对外交流合作特别是促进"榕台融合"发展的重要人文纽带。

## （三）海洋资源丰富

福州海域面积约为 1.06 万平方公里，与陆域面积接近，所以海洋是福州持续发展的潜力空间；从全国省会城市海岸线长度排名顺序看，福州排名第一，达到 1310 公里；共有海岛 864 个，约占全省面积的 2/5；截至 2018 年底，潮间带滩涂面积达到 641.965 平方公里，大约占全省的 1/3，海洋空间开发潜力巨大。广阔的海域、绵长的海岸线和东南沿海的方位又带来储量丰富的海洋能源资源，使得波浪能、风能和潮汐能等新能源开发利用前景广阔。沿海天然深水良港资源尤为丰富，可通过江阴港、罗源湾、福清湾、闽江口内港区等港湾资源的整合以及强化港口通道建设，加快构建各具特色的国际枢纽港，拓展港口腹地。福州海洋鱼类、生物资源丰裕，在渔业方面，海域拥有近 500 种鱼类，其中不乏价值昂贵的珍稀品种；海洋生物种类有 1500 多种。这也是福州海水养殖业比较发达的根基，全国第二大水产县为福州连江县。①

## （四）旅游资源别具一格

福州"山""江""海""林"等自然景观资源丰富，琅岐国际生态旅游岛、黄岐滨海战地风光旅游区、下沙海滨度假村、大鹤海滨森林公园等滨海景点观赏价值颇高；同时，福州作为历史文化名城具有底蕴深厚的海洋文化资源，如长乐太平港郑和下西洋文化、马尾船政文化等，为福州积淀了兼备宝贵的历史和文化价值的人文景观资源，福州海区发展滨海旅游具有得天独厚的优势。

## （五）产业基础坚实

近年来，福州市牢记习近平总书记关于发展福州海洋经济的一系列战略嘱托，深耕"海上福州"建设与"海上丝绸之路"引领的"多区叠加"战略的对接，不断做大做强蓝色经济，催生海洋经济发展新动能，为新时代新征程路上海洋经济强市建设奠定了坚实的产业基础。这主要体现在以下几个方面。

一是海洋经济规模进一步扩大，"十三五"时期以来，福州海洋生产总值年均增速保持两位数高速增长。2020年，福州海洋生产总值预计为2850亿元，约占福州经济总量的1/3，海洋经济实力大幅提升。下一步的发展目标是争取2025年建成海洋强市，海洋生产总值超过4300亿元。②

二是海洋优势产业快速发展。近年来，福州逐步做强海洋渔业，大力发展基础设施渔业项目建设，鼓励利用深远海海工技术装备养殖服务平台在福州开展水产品养殖试验，水产品加工业的品牌效应逐步凸显，水产品养殖业加工实现跨越式发展，2019年全市水

---

① 郭丽霞：《"一带一路"背景下福州海洋渔业产品出口贸易存在的问题与对策研究》，《木工机床》2018年第4期。

② 林晗：《认真学习贯彻十九届五中全会精神争创食安示范城市 建成海洋经济强市》，《福州日报》2020年12月3日，第2版。

产品养殖业加工总产值为 503.9 亿元，在全国地级市中位居第一名。① 为支持远洋渔业的发展，实施"走出去"战略，拓展与其他地区和国家渔业的交流合作，全国第三个国家级远洋渔业基地——福州（连江）国家远洋渔业基地成功获批。积极开发极地资源，延伸远洋渔业产业链，在全省率先进入南极海域开展磷虾产品的开发。现代渔业正向着精深加工、高效生态、互联互通的方向发展。

三是海洋新兴产业的发展取得新成效。深远海洋生物制品业、高端深远海工生物养殖技术装备业、海洋新材料新能源等新兴高端海洋产业迈出新步子，海洋工程装备制造业逐步向高端迈进，东南造船厂、马尾造船股份有限公司等建造的海洋救助船、大马力工作拖船、海洋供应船等海洋工程船达到国际领先水平。② 不断探索和推进发展深远海养殖技术，提升当代中国高端海洋生物科学等高新技术产业的自主研发创新能力，高新技术逐步成为福州海洋经济新增长点。

四是海区生态环境保护成效显著。严格管控海洋空间资源，加强对湿地、沿海防护林等的保护，全力推进海洋生态环境治理修复，获批胶州湾、西海岸等国家级海洋公园。福州海域环境治理取得明显成效。

## 二 福州海洋经济强市建设面临的机遇和挑战

### （一）党和国家对福州发展海洋经济高度重视

一是"海上福州"战略为福州海洋经济发展提供了遵循。20 世纪 90 年代，习近平总书记主持制定"3820"（3 年、8 年、20 年福州发展的战略蓝图）工程，并以敏锐的眼光做出建设"海上福州"的

---

① 林晗：《认真学习贯彻十九届五中全会精神争创食安示范城市　建成海洋经济强市》，《福州日报》2020 年 12 月 3 日，第 2 版。
② 林善炜、翁新汉：《深化"海上福州"建设 加快福州海洋经济发展》，《发展研究》2020 年第 2 期。

超高精准的重要判断，为新时代福州海洋经济强市建设指明了方向。

二是国家层面涉海政策的重点支持对福州海洋经济发展的有力推动。福州区位、资源等基础优势显著，时常被政策惠及。从20世纪80年代开始，福州陆续正式被批准、入选或被确认为国家首批14个沿海开放城市、"福建海峡蓝色经济试验区"的骨干区域、"21世纪海上丝绸之路核心区"的战略枢纽城、国家首批"十三五"海洋经济创新发展示范城市、国家海洋经济发展示范区、福州（连江）国家远洋渔业基地。从中可以看出，在全国发展海洋经济的大局中，福州地位至关重要，这也意味着福州将因抢占政策先机而使海洋经济强市建设进程获取加速度。最近几年，随着福州成为国家级新区，尤其是在全国省会城市中率先拿下"全国首个"海洋经济发展示范区，"多区"相继拥有，政策效应累加综合，这种千载一时的机缘，使福州这座城市开始焕发出新时期蓝色经济强劲发展的异彩。

三是20多年来，福州紧紧围绕习近平总书记精心擘画的"海上福州"发展蓝图，不断地出台推进海洋经济强市建设的一系列政策和举措。1994年，福州市委、市政府出台了《关于建设"海上福州"的意见》，在沿海城市率先部署了经略海洋的政策举措。2016年，在福州市委、市政府印发《对接国家战略建设海上福州工作方案》，特别是在学习新精神、开启新征程的当下，按照福建"十四五"规划要求福州市"加快建设现代化国际城市，鼓励福州创建国家中心城市"[1]，福州市委、市政府做出重点打响"海上福州""数字福州"等五大国际品牌决策部署。其中，始终坚持"海上福州"的战略引领，全力推进福州海洋经济强市建设，成为加快建设现代化国际城市的一大亮点。

### （二）福州海洋经济强市建设面临的挑战

"海上福州"发展战略深入推进并取得巨大的实践成效，标志着

---

[1] 《福建省国民经济和社会发展第十四个五年规划和二〇三五年远景目标纲要》，《福建日报》2021年4月6日，第10版。

福州这一海洋资源大市正在海洋经济强市大道上砥砺前行。但对标广州、青岛、深圳等沿海海洋经济强市，福州海洋经济发展还有较大差距，主要表现在质量不高、结构不优、科技不强等几个方面。

### 1. 海洋产业结构面临转型升级压力

虽然从已公布的海洋生产总值来看，福州位列地级市前三名，但海洋旅游业增加值占比较大，主要海洋产业规模不大，缺少在全国有突出优势的海洋产业。近年来，福州海洋产业经济保持持续快速增长，海洋第一产业所占比重逐步降低，第二产业所占比重也持续稳步提高，符合中国海洋三次产业结构优化调整和产业优化发展规律。但是目前福州的海洋第二产业在海洋经济总盘子中的比重仍然相对较低，依然存在海洋第二产业、第三产业贡献不足，海洋第一产业比重偏大，海洋产业结构不优的问题。现代海洋第二产业内部结构布局也不够合理，海产品粗浅加工等资源依赖型、深加工不够、低附加值的行业依然是福州海洋第二产业的主体。虽然海洋生物医药业、海洋工程建筑业等的产值都有不同程度的增加，但是进一步发展仍有很大的空间。福州地区传统海洋旅游经济、粗放式的渔业发展经营模式尚未得到彻底改变，现代海洋旅游产业仍未占据主导地位，渔业以近海近岸远洋养殖渔业为主，远洋远海捕捞仍然只处于快速发展中的初级阶段，近海远洋捕捞过度等所造成的远洋渔业资源结构衰退尚未完全得到有效缓解。海洋新兴产业发展落后于海洋经济发达的西方国家和国内发达地区，高端海工装备、海洋生物医药等新兴产业在总盘子中占比偏小，产业集聚不够明显。

### 2. 海洋科技创新能力有待提升

福州的涉海科技研发基础薄弱，科技实力不强。具有全国、全球影响力的海洋科学研发机构、研究平台、海洋高科技产业的领军人才不多，高层次的涉海重点园区数量相对较少，海洋科学研究用地、经费等优惠政策扶持力度不足，研究成果转化应用率偏低，海洋领域的科技人才严重匮乏，海洋经济专业人才队伍的现状已经不能满足中国海洋经济快速增长的需求。福州海洋经济科学与技术的自主创新能力低下，对"卡脖子"的关键技术尚未形成突破。在海洋基础研究、海洋科技创新及其成果转化、创新环境等方面都存在诸多亟待解决的发展难题。

### 3. 海洋生态环境治理进展相对缓慢

进入 21 世纪后，人类活动对海洋生态环境的影响越来越大。随着福州沿海地区经济发展的加速和人口的大规模集聚，入海排放的生产、生活污染物都在增多。违法填海、非法采砂、非法倾废等现象频繁发生。海洋养殖过程中会带来海区污染问题，使养殖区的一些海域富营养化特征更加显露，特别是连江县等养殖集中区的渔业海漂垃圾问题尤为突出。福州海洋生态环境受损等问题尚未得到有效的解决，这不仅给海洋渔业特别是近海养殖业及滨海旅游业等带来较大的负面影响，也直接拖延了海洋经济强市建设的进程。

### 4. 海洋经济国际交流合作尚待加强

当前全球环境所处的"百年未有之大变局"正在日益演化和加剧，各种风险、挑战层出不穷，新冠肺炎疫苗在全球分配不均等诸多问题仍然存在，海外疫情的拐点尚未出现，全球经济实现持续稳定恢复、完全回归常态仍需很长一段时间，经济全球化发展受阻，多边主义、贸易自由化正在经历波折，各种原因叠加不仅为福州海洋产业依托自身的优势取得与"海上丝绸之路"沿线国家和地区之间的合作共赢、推进海洋传统产业转型发展、提升福州市海洋经济国际竞争力和抗风险能力带来了诸多的困难，也不利于福州海洋科技创新、海洋生态环境保护等一系列海洋经济保障体系建设的国际协调配合。

## 三 福州加快海洋经济强市建设的思路与对策

踏上新的历史征程，福州应该不负习近平总书记经略福州海洋的殷切嘱托和要求，不负新时代赋予的机遇和使命，直面困难和制约因素，立足于区位、资源、政策支持等得天独厚的潜力和优势，不断拓展建设海洋经济强市的新思路，以构建具有国际竞争力的现代海洋产业新体系为主线，以创新驱动发展为根本动力，同时推进海区环境治理、国际交流互通等建设海洋强国的重点领域，加快建设海洋经济强市，进一步推进"海上福州"这一经略福州海洋思想的深化，为加快打造"海上丝绸之路"沿线具有重要国际影响力的海上合作战略支点城市和福州高质量发展超越提供强劲引擎。

## （一）加快构建现代海洋产业体系

以临港建设为重点带动临港产业的发展，推动港口资源整合，优化海洋产业空间布局。以沿海大岸线为轴，有机串联罗源湾组团、闽江口组团、福清湾组团、兴化湾北岸组团等四个组团联动发展。以江阴港区为主，加快建设和打造东南沿海国际集装箱航运交通枢纽大港，完善疏港公路、铁路运输体系，加快开发和拓展经济腹地，统筹陆海经济发展，拓展"港口经济圈"。调整和优化海洋经济产业布局，促进新兴产业的集聚。打造江阴临港产业、可门临港化工新材料产业、罗源湾钢铁产业、环福清湾综合性产业等四大千亿特色临港先进制造业集群，培育临港经济新增长极。充分利用国家海洋经济技术创新和示范区建设所带来的发展机遇，加快发展新型海洋装备制造、海洋生物医药、海洋信息服务等行业，为福州海洋经济强市建设提供新动能。

要立足福州海洋产业优势，强化品牌意识，聚焦高质量发展主线，促进海洋渔业、临港工业、海洋交通运输业、滨海旅游业等传统海洋产业转型升级。特别是要做强海洋渔业，积极争取国家、省、市设施渔业的水产养殖专项资金，推广设施渔业养殖的新模式，鼓励发展普通工厂化、深水抗风浪网箱、筏式吊养浮球、用塑胶浮球替代泡沫浮球等高效生产的设施渔业养殖项目建设，减少泡沫垃圾的产生，推动海上水产养殖转型升级。推动"海洋牧场"建设，鼓励连江县积极开展深远海养殖平台"振鲍1号"、福船集团"福鲍1号"等的推广和试点工作，积极探索深远海养殖装备，并继续跟踪，协调推动装备制造企业优化平台设计，探索适合福州海域状况，特别是能有效防抗台风的海工装备养殖平台，根据养殖试验情况进行调整优化，推动福州深远海养殖平台定形。积极向上争取资金补助，支持连江县本土民营企业参与设计、搭建深远海海工装备养殖平台。积极争取、利用省市水产品加工专项资金，引导鼓励企业增加固定资产投资，提高产能，发展水产品精深加工，延伸产业链，提高名优品知名度，培育水产品加工业的品牌意识，发挥渔业品牌效应，做大做强水产品加工业。

提高海洋产业体系国际竞争力有赖于海洋新兴产业的发展。必须发挥既有优势，加大扶持和引导的力度，依托海洋经济关键核心应用的攻克，加快推进高端海洋装备制造业、海洋可再生能源利用业、海洋药物和生物制品业、海洋信息服务业、海洋新基建等海洋新兴产业的发展。

## （二）强化海洋科技创新能力

支持推动海洋经济各领域的创新创业创造发展。加快海洋经济创新创业创造高新技术产业园的开发建设，明确海洋经济创新创业创造高新技术产业园的发展定位、主攻方向和发展目标，并加大用地、人才、金融、科技等政策保障的力度。设立海洋高新技术产业园产业发展基金，加强校企合作、平台支撑，打造"一站式"人才服务，加速"三创"资源要素集聚。重视高新技术产业园与福州大学、中科院海西研究院等高校、科研院所以及高新技术企业等的联合，通过促进"产学研用"合作创新，推动科技成果从科研机构到生产部门成熟产品的链接，促成多种科技创新要素的集聚和融通，催生并加速推进一批项目的开发和建设，引领蓝色经济高质量发展。

加强海洋领域人才队伍的建设，深化涉海人才培养机制的创新，强化涉海人才支撑体系。深化"柔性引才"机制，加快引进一批海洋经济领军人才，吸引涉海高端人才资源要素的集聚，大大提升人力资源对海洋产值的贡献度。加快培育一批海洋高层次人才，支持福州高校建设涉海学科专业，推动科研机构、高校和涉海企业共建海洋专业人才培养和教育培训基地。优化海洋人才创新创业创造环境，为海洋经济强市建设奠定人才基础。

支持重点园区标准化建设，提升科技创新能力。高新区必须坚持龙头项目引领产业创新，推动高新区采用院地合作、校地共建、国企联合投资等模式，引入中科院海西研究院等创新龙头，带动形成以数字经济为核心、大健康和光电两大产业为支柱、现代服务业为支撑的产业格局，促进海洋科技创新应用于蓝色经济发展的主战场。加快推进闽台（福州）蓝色经济产业园的创新驱动，加大对高端涉海产业和现代化水产品智能养殖企业的引进力度，加大对海工技术装备和生物产业孵化集群创新中心的基础配套设施投资力度，促进海洋优势产业快速发展。

### （三）进一步加强对海洋生态环境的保护

节约集约利用海洋资源，提高自然岸线环境准入标准，建立健全海洋资源的有偿利用和生态补偿制度，持续完善海洋自然岸线的保有率管理制度和围填海管控制度，强化对湿地、沿海防护林的保护。深入开展海区环境修复，强化对海陆空污染的防治，重点解决入海排放口的问题，通过对闽江口、罗源湾及其他沿海县（市）区入海排放口污染的调研、排查，开展污染溯源、污染成因的分析研究，明确具体整治方案，进一步加快推进入海排放口整治工作。加快推进白色泡沫浮球升级改造工作，以解决养殖集中区严重的渔业海漂垃圾问题，并加强对重点岸段海漂垃圾整治情况的监督考核。加强对海岸带和海湾、海岛的修复，重点加快推进罗源湾南岸、长乐滨海新城、福清沙浦等海岸带修复示范项目，及时总结可复制的经验并加以推广。

### （四）深入开展海洋经济国际交流互通

要借助 21 世纪海上合作委员会、海丝博览会、渔业博览会等平台，重点在远洋渔业、港口物流、风电新能源、海洋文化旅游、海洋科技等方面加强与"海上丝绸之路"沿线国家或地区的交流合作。开拓海洋合作新空间。2019 年 3 月 10 日，习近平总书记参加十三届全国人大二次会议福建代表团审议时提出："要不断探索新路，吸引优质生产要素集中集聚，全面提升福建产业竞争力，力争在建设开放型经济新体制上走在前头。"① 福州海洋经济不断发展和壮大，在其国民经济的构成当中占比越来越高，已经发展成福州经济实现高质量跨越式发展的重要引擎、开放型经济的崭新高地，加强福州海洋经济产业、海洋科学技术创新、海洋生态环境保护、海洋经济合作体制等各个领域之间的国际协调合作，可以更好地助力福州争当加快推进更高水平的对外开放、构建更加完善的开放型经济新制度的排头兵。福州必须充分依托自身的特殊区位优势，充分利用"多区叠加"的机遇，深耕"海上丝绸之路"引领"多区叠加"的发展主线，加快搭建与"一带一路"沿线国家和地区海洋经济交流互通的新平台。要进一步出台对远洋渔船队扩大规模、渔船更新改造、自捕鱼返回运输等的扶持政策，助力福州远洋渔业快速发展。加快推进建设福州（连江）国家远洋渔业基地，积极落实"走出去"战略，完善福州的远洋渔业产品和服务体系，打破福州远洋渔业发展的空间瓶颈和不可持续的约束；开发极地资源，延伸远洋渔业产业链，出台一系列政策鼓励企业引入、建造专门的南极磷虾远洋捕捞船，推进南极磷虾的开发利用，促进福州远洋渔业的增产和增效。通过做强远洋渔业，引领传统渔业走向世界，扩大"21世纪海上丝绸之路"战略支点城市蓝色经济在全球的影响。渔业周·渔博会已经成为全国第二大、全球第三大专业渔业博览会，要继续举办好渔博会。要加快培育、扩大渔博会在境内外的影响，进一步增强海洋经济对外开放重要平台的功效，吸引更多国家和地区的企业参会，提高社会和经济效益，不断推动蓝色经济的开放发展，使其在福州与世界其他国家和地区海洋经济的联合协作中发挥越来越重要的作用。

## （五）着力推动海洋经济体制机制创新

在加快推进海洋经济发展示范区建设方面，要坚持陆海统筹、

---

① 廖志诚、张艳涛、龙柏林、张埔华：《习近平总书记参加福建代表团审议时的重要讲话笔谈》，《理论与评论》2019年第2期。

全域推进，持续加大示范区建设力度，着力探索海洋资源配置和涉海金融服务两大创新示范项目，不断提升海洋经济综合管理能力。学习并借鉴兄弟城市示范区建设的经验做法，不断完善示范区建设方案。相关部门要坚持明确的联络协调、项目服务、宣传跟踪、考评通报等统筹协同工作机制，协调开展示范区建设工作。围绕国家赋予福州的两个创新示范任务、福州新增的拓展空间以及打造深水大港等任务，统筹示范建设任务及其保障措施的落实。重点抓好海洋资源配置、金融服务模式、海洋科技等体制机制创新示范任务，加大政策支持力度，不断推进创新示范工作。在涉海金融服务模式创新方面，继续推出"微捷贷""惠农 e 贷"等金融产品，加大融资对接力度，组织福建海峡银行、邮储银行、农发行等金融机构，对接企业金融需求，进一步深化政银企沟通协作机制。鼓励宏东渔业、百洋海味等涉海龙头企业上市挂牌融资。在海洋资源配置方面，总结推广连江县大建村、下宫乡和连江现代海洋投资公司实施海域所有权、使用权、经营权"三权分置"和海域使用权证、水域滩涂养殖证"两证联动"的试点经验，部署改革试点的扩面工作，明确养殖生产者的权利和义务，规范养殖生产行为，帮助解决资金短缺问题，为海上养殖拓展外海空间、实现渔业转型升级、加强海洋生态环境保护、促进渔村面貌改变提供范本和参照依据。

# The Exploration of Accelerating the Construction of Fuzhou as a Strong City with Marine Economy

*Lin Lijuan*

*( Fuzhou Academy of Social Sciences, Fuzhou,*
*Fujian, 350007, P. R. China)*

**Abstract:** Fuzhou, as an important port city in China, has a long history of port development. It has rich marine natural resources, superior industrial base and unique location characteristics. It has a strong marine economy, obvious foundation and outstanding advantages. At the same time, it also faces the problem that the proportion of marine secondary industry in the total marine economy is still relatively low, There are still many problems and pressures, the poor structure of marine industry, the weak foundation of marine science and technology research and development, the decline of marine ecological environment carrying capacity, and the need to strengthen international exchanges and cooperation of marine economy. To further promote the construction of a strong city with marine economy, we should take the further improvement of marine industry, scientific research and innovation, marine environmental governance, international exchanges and exchanges as the basic focus, speed up the construction of a modern marine industry system, strengthen the innovation ability of marine science and technology, increase the protection of marine ecological environment, and carry out in-depth international exchanges and exchanges of marine economy, Efforts should be made to promote the innovation of marine economic system and mechanism.

**Keywords:** Port City; Strong Marine Economy City; Marine Industry; Marine Technology Innovation; Marine Ecological Environment

（责任编辑：孙吉亭）

# 海洋经济视角下澳门"中葡商贸合作服务平台"升级研究[*]

李 宁 张燕航 王方方[**]

摘 要 | 澳门作为中国与葡语国家的商贸合作服务平台，在促进中国与葡语国家经贸合作交流方面发挥着重要的作用。澳门特区是一个特殊的微型经济体，本身促进经济增长的各种资源有限，造成其存在发展要素匮乏、产业结构独特、转口外向性明显等独特的微型经济体特征，这些特征在一定程度上也是澳门特区未来经济社会发展需要解决的重要问题。本文梳理了澳门作为中国与葡语国家商贸合作服务平台存在的问题，结合澳门海域划界后带来的新机遇，提出完善澳门平台的相关政策建议。这不仅有利于澳门顺利实现国家赋予的发展定位，对国家推进粤港澳大湾区建设也有积极意义。

---

[*] 本文为 2020 年广东省促进经济高质量发展专项资金（海洋经济发展用途）项目"广东推动粤港澳大湾区海洋经济高质量发展路径研究"（项目编号：粤自然资合［2020］060 号）阶段性成果。

[**] 李宁（1980~），男，博士，国家海洋局南海规划与环境研究院高级工程师，主要研究领域为海洋经济、区域经济；张燕航（1979~），女，博士，广东金融学院工商管理学院副教授，主要研究领域为海洋经济、区域经济；王方方（1983~），男，博士，广东财经大学海洋经济研究院常务副院长、经济学院副教授，主要研究领域为区域经济、海洋经济。

关键词 ｜ 葡语国家　中葡平台　海上商贸　海洋强国　粤港澳
大湾区

# 一　引言

　　1999 年澳门回归后，澳门经济快速发展，2018 年生产总值超过
1999 年的 8 倍，但也面临资源较匮乏、人口密度高、产业结构不合
理等问题。2015 年 12 月 20 日，国务院第 665 号令公布了《中华人
民共和国澳门特别行政区行政区域图》，赋权澳门特区政府依法管
理 85 平方公里的海域。这对澳门特区而言，不仅仅是明确取得了这
片海域的管辖权，填补了多年来海域事实管辖和法律管辖之间存在
的空白，更是为澳门特区未来发展提供了更广阔的空间，有利于缓
解人多地少矛盾、加强海域管理和海洋资源开发、促进经济适度多
元化发展。继 2016 年 3 月发布的《国民经济和社会发展第十三个五
年规划纲要》之后，2019 年 2 月，中共中央、国务院印发的《粤港
澳大湾区发展规划纲要》，对澳门特区再次做出"建设世界旅游休
闲中心、中国与葡语国家商贸合作服务平台"的战略定位。因此，
澳门特区未来如何充分围绕中央赋予的管辖海域做文章，融入国家
建设"21 世纪海上丝绸之路"以及粤港澳大湾区的大战略，同时积
极展现中西交融的历史魅力，优化升级已有的中国与葡语国家的商
贸合作交流平台，是澳门特区未来实现快速可持续发展必须面对的
重大问题。

　　部分学者对澳门特区经济社会发展的瓶颈、需要实施"走出
去"的策略、挖掘自由经济体优势的方式、推动多元化发展道路的
目标、建设中葡商贸平台等问题进行了卓有成效的前期研究，取得
了丰富的理论成果。陈广汉和李小瑛认为，澳门需要转变经济增长
方式，通过发挥自由港体制优势、提升创新能力和服务功能、优化

内部经济结构等措施，维持经济的可持续发展。① 何振苓和何磊指出，澳门特区需要借助"中国—葡语国家经贸合作论坛"之东风，加快建设中国与葡语国家商贸合作服务平台。② 郭永中指出，中国与葡语国家商贸合作服务平台的问题可以从澳门特区政府施政理念、双语人才培养、加强舆论宣传、建立中葡金融服务中心等方面进行改善。③ 邓丹萱和连信森认为，在粤港澳大湾区的背景下，澳门中葡平台建设将面临更大的机遇。④ 中葡双方正加紧落实 2018 年习近平总书记访问葡萄牙时取得的丰硕成果，双方经贸、投资、能源、海洋、科技、教育、文化、旅游等各领域合作全面推进，澳门特区作为中葡交流的桥梁将大有可为。⑤

此外，部分全国政协委员、重要报社等社会各界也对澳门特区建设中国与葡语国家商贸合作服务平台、促进澳门特区经济可持续发展给予了持续关注，但从澳门平台升级的角度进行系统性研究的工作相对较少，这也是本文试图探索解决的主要问题。广东省自然资源厅结合当前粤港澳大湾区建设这一国家级区域发展战略，设立了 2020 年广东省促进经济高质量发展专项资金（海洋经济发展用途）项目"广东推动粤港澳大湾区海洋经济高质量发展路径研究"，旨在研究如何从海洋经济协同高质量发展角度实现粤港澳三地资源整合，促进粤港澳大湾区建设。澳门是大湾区四大核心城市之一，因此本文正是该课题研究形成的重要阶段性成果，可为澳门顺利实现国家赋予的发展定位、更好发挥中葡商贸平台作用提供科学

① 陈广汉、李小瑛：《澳门经济发展瓶颈与"走出去"策略》，《港澳研究》2015 年第 1 期。

② 何振苓、何磊：《"一带一路"战略中澳门发展的机遇、优势与路径》，《国际经济合作》2016 年第 10 期。

③ 郭永中：《澳门建设中葡商贸合作平台的战略思考》，《理论学刊》2011 年第 10 期。

④ 邓丹萱、连信森：《粤港澳大湾区背景下的澳门中葡平台建设策略及对策》，《港澳研究》2017 年第 4 期。

⑤ 蔡润：《中葡各领域合作全面推进》，《人民日报》2019 年 2 月 24 日，第 3 版。

参考。

本文其余部分安排如下：首先简要回顾葡语国家的经济社会发展现状，其次分析中国澳门与葡语国家的合作交流概况以及澳门平台存在的问题，最后提出在新的时代背景下优化澳门平台的政策建议。

## 二 澳门及葡语国家的发展情况

### （一）澳门经济发展概况与特征

1999 年澳门回归后，在中央政府的政策扶持下，澳门特区与内地的联系不断加深，尤其是在《关于建立更紧密经贸关系的安排》（Closer Economic Partnership Arrangement，CEPA）推动下的大珠三角合作、粤港澳合作不断加强，澳门特区经济开放程度进一步提高，经济进入飞速发展阶段。澳门特区主要经济指标自回归之后均高速增长（见图 1）。

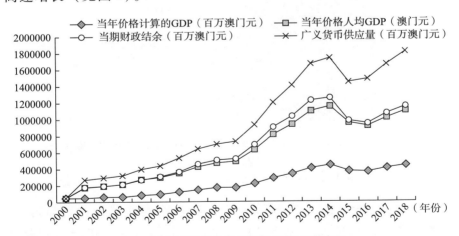

图 1　回归后澳门特区经济发展的主要情况

资料来源：澳门特区政府统计暨普查局网站。

从产业结构来看，经过长期的发展和演变，澳门特区逐步形成了博彩业、不动产业、建筑业、批发及零售业、银行业、租赁及向企业提供的服务等几大产业类型。自 2006 年起，这些产业的增加值合计超过澳门特区 GDP 的七成。从图 2 可以看出，2018 年，博彩业增加值在澳门特区 GDP 中的占比最高。2010 年之后，博彩业增加值占澳门特区 GDP 的 40% 以上，2012 年和 2013 年占比均超过 60%，2015~2018 年占比都保持在 50% 左右的水平，远远超过其他几大主要产业。迄今为止还没有哪个行业可以替代博彩业，其对澳门特区整体经济增长的贡献占绝对主导地位。另一个明显的现象就是澳门特区制造业及采矿业占本地 GDP 的比重由 2000 年的 9.2% 快速降至 2018 年的 0.5%，这主要是由于外部需求疲弱令澳门特区本地产品出口减少，制衣与纺织两大传统制造业的工业生产大幅下滑。

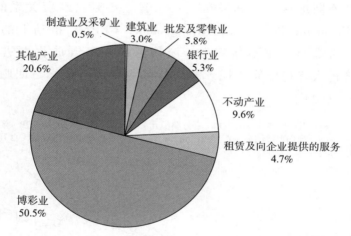

**图 2  2018 年澳门特区主要产业增加值占当地 GDP 的比重**
**（以当年基本价格计算）**

资料来源：澳门特区政府统计暨普查局网站。

从对外贸易来看，澳门特区从小额顺差逐渐转变为贸易逆差，且贸易逆差持续扩大（见图 3）。2000 年澳门特区的进出口贸易还有 22.8 亿澳门元的小额顺差，2015 年则转变为 739.7 亿澳门元的较大逆差。从澳门特区出口商品的来源地比例看，澳门特区本地产品出口比例一直在下降；而作为商品中转地的澳门特区，其产品再出口比例持续上升。这表明，回归以来作为独立关税区的澳门特区，对外经贸联系越来越紧密，特别是转口贸易出现快速增长。

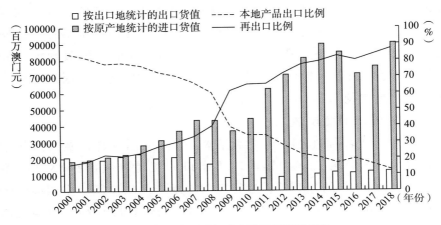

图3 澳门特区回归以来进出口贸易情况

资料来源：澳门特区政府统计暨普查局网站。

从以上分析可以看出，澳门特区是一个特殊的微型经济体，本身促进经济增长的各种资源有限，造成其存在发展要素匮乏、产业结构独特、转口外向性明显等独特的微型经济体特征，这些特征在一定程度上也是澳门特区未来经济社会发展需要解决的重要问题。

1. 发展要素匮乏

澳门特区陆地面积狭小、人口密度较高、资源压力较大。尽管过去通过造价昂贵的填海造陆、发展与珠海的民生合作等措施，澳门特区陆地面积有所扩大，在一定程度上拓展了资源空间，但澳门特区仍然感到发展空间不足。澳门是世界上人口密度最高的地区之一，高达2.1万人/米$^2$，约是香港的3倍。不仅如此，由于土地面积和人口绝对规模较小，澳门特区本地市场的供求容量也较小。2015年，澳门特区零售业销售总额为608.9亿澳门元，不仅远低于香港特区，也低于同属珠三角地区的广州、深圳。

2. 产业结构较为单一

从图2可以看到，澳门特区产业结构最明显的特点就是博彩业一家独大，无论是产业增加值还是就业人数，博彩业都占据着绝对的优势，但是这对澳门特区长远发展具有不利影响。一方面，博彩业产业链条过短，难以提高区域经济的抗风险能力。中国澳门博彩业的竞争优势源于中央政府在国内特别允许澳门发展博彩业的制度性优势。但是在国际上，这一优势不具有长期的地域根植性，容易受到新加坡、泰国等的挑战。另一方面，博彩业的"虹吸现象"和"挤出效应"明显，导致非博彩产业和社会事业成长受限，总体产业结构严重失衡。

**3. 对外依赖度较高**

作为全球著名的自由市场经济体，中国澳门的转口贸易近年来成长很快。2015 年，经中国澳门再出口的贸易总额达到 88.7 亿澳门元，是 2000 年的 2.7 倍，远超澳门本地产品出口额。中国澳门经济发展对外部，特别是对中国香港和内地的依赖度较高。中国澳门自身的资源相对匮乏，长期以来几乎所有的外来资金及外贸活动都要以中国香港为桥梁。中国香港是其最大的进口来源，也是其第二大出口市场。回归之后，内地成为澳门经济的腹地和大后方，提供包括维持其民生所需的粮油、水电以及其他能源物资。

现实的困境促使澳门特区需要拓展新的发展空间，国家给澳门划定的管辖海域是未来一段时间内澳门完成发展方式转变、提升发展质量的希望所在。

## （二）葡语国家的发展情况

葡语国家包括葡萄牙、莫桑比克、巴西、安哥拉、赤道几内亚、几内亚比绍、圣多美和普林西比、佛得角、东帝汶等 9 个国家。这 9 个国家分布在欧洲、亚洲、非洲以及拉丁美洲，总面积约 1074 万平方公里，总人口约 2.66 亿人，2018 年经济总量约 2.24 万亿美元。这些国家都是以葡萄牙语为官方语言，相互之间不仅文化联系紧密，还有历史原因造就的特殊关联。葡语国家中既有较为发达的国家如葡萄牙，也有新兴经济体如巴西，而其他国家多属于后进的发展中国家。

由于世界经济政治形势发展的不确定性，葡语国家的发展也面临较大挑战。在 2008 年国际金融危机的冲击下，作为葡语国家重要成员以及欧元区成员国之一的葡萄牙，被标普、穆迪和惠誉等世界著名评级机构纷纷下调了主权信用评级，在财务危机与政治危机的双重压力下，该国成为第三个向欧盟求助的国家。而巴西虽属著名的"金砖四国"之一，但经济发展波动性较大，总体来看相较中国和印度并不理想。其他葡语国家除了东帝汶，都分布在非洲，经济总量偏小，发展水平相对较低，需要其他国家的投资和经济支持。在当今世界经济全球化和区域经济合作的潮流推动下，葡语国家也迫切需要寻找新的经济合作伙伴以促进发展。2018 年葡语国家基本情况如表 1 所示。

**表 1　2018 年葡语国家基本情况**

| 国家 | GDP（亿美元） | 人均 GDP（美元） | 重点产业 | 主要贸易伙伴 | 与中国贸易总额（亿美元） |
|---|---|---|---|---|---|
| 葡萄牙（欧洲） | 2309 | 22438 | 软木、葡萄酒、橄榄油、制鞋、制药、磨具和可再生能源 | 西班牙、德国、法国、英国 | 35 |
| 巴西（南美洲） | 18700 | 9300 | 农牧业、工业（钢铁、汽车、造船、石化、电力、燃料乙醇） | 中国内地、美国、德国、阿根廷 | 989 |
| 安哥拉（非洲） | 1073.2 | 3670 | 农业（含渔业）、石油和钻石开采 | 美国、葡萄牙、中国内地、法国、巴西 | 280.53 |
| 莫桑比克（非洲） | 118 | 408 | 铝加工、矿业、农业 | 南非、欧盟、中国内地、印度、新加坡 | 24.95 |
| 赤道几内亚（非洲） | 122 | 22304（购买力平价） | 石油 | 西班牙、日本、中国内地、意大利 | 22.9 |
| 佛得角（非洲） | 19.87 | 3654.01 | 服务业（旅游、运输、商务等） | 葡萄牙、西班牙、美国、荷兰、中国内地 | 0.7856 |
| 几内亚比绍（非洲） | 14.08 | 762 | 农业（含渔业） | 印度、尼日利亚、葡萄牙 | 0.3747 |
| 圣多美和普林西比（非洲） | 4.22 | 2011 | 农业 | 葡萄牙、荷兰、比利时、土耳其 | 0.07 |

续表

| 国家 | GDP（亿美元） | 人均 GDP（美元） | 重点产业 | 主要贸易伙伴 | 与中国贸易总额（亿美元） |
|---|---|---|---|---|---|
| 东帝汶（亚洲） | 25.81 | 2036 | 油气 | 印尼、中国内地、新加坡、马来西亚、中国香港 | 1.355 |

注：葡萄牙原相关数据均以欧元计算，本文按照 2018 年 12 月 31 日欧元兑美元汇率 1.14534 将其换算成美元。

资料来源："走出去"公共服务平台、世界银行。

# 三　澳门平台发展情况与存在的问题

## （一）澳门作为中葡商贸合作服务平台的发展情况

中国澳门受葡萄牙殖民统治的 100 多年历史，也是中葡文化融合的历史。这使中国澳门与葡萄牙及其他葡语国家保持着一种特殊的紧密关系。自 1999 年回归后，中国澳门与各葡语国家之间的联系比以往多了一层积极意义，即其与葡语国家之间的特殊紧密联系成为加强中国内地与葡语国家之间文化、经贸等多方面交流的桥梁。为此，中央于 2003 年 10 月在澳门召开了第一届"中国—葡语国家经贸合作论坛"及第一届部长级会议，澳门特区作为中国代表团成员与会。中国商务部同与会的 7 个葡语国家签署了《经贸合作行动纲领》，开辟了中国与葡语国家合作的新时代。自此之后，该论坛基本每 3 年举行一次，在促进中国与葡语国家经贸合作交流方面发挥着越来越重要的作用。

从中国澳门与各葡语国家的交流合作情况来看，中国澳门与葡萄牙在科技、旅游、环境、教育、法律、文化等方面展开的交流合作都是富有成效的。2002 年 4 月，中国澳门与葡萄牙签订了科学技术合作协议，从科技信息和文献的网络共享、科技人员的交流、合作项目的推进等方面确定了科技合作范围。2006 年首届葡语系运动会、2011 年澳葡联合委员会第一次会议、2013 年澳葡联合委员会第二次会议、2014 年讨论修订"澳葡合作纲要协定"、2014 年澳门电信管理局与葡萄牙国家通信管理局签署双边技术合作议定书、2015 年双方科教文化部门签署合作协议等一系列合作表明,近年来中国澳门与葡萄牙合作的范围越来越广。中国澳门与巴西的经贸合作主要集中于基础设施工程项目。中国澳门特区政府及贸易投资促进局等机构曾多次赴巴西考察,在圣保罗举行过"中国(内地及澳门)—巴西投资及产业合作商机推介会""圣保罗—澳门企业家交流会"等活动。

中国澳门与非洲葡语国家的合作交流,主要集中在与几内亚比绍之间的合作。2013 年 7 月,几内亚比绍商会与中国澳门进出口商协会签署合作协议。2015 年 5 月,中国澳门贸易投资促进局与中国—葡语国家经贸合作论坛(澳门)常设秘书处联合设立"几内亚比绍农产品出口贸易工作坊"。该工作坊有助于各界了解几内亚比绍在农产品出口贸易方面的情况,促进中国澳门与几内亚比绍之间的经贸合作发展,有利于发挥中葡商贸合作服务平台功能,深化区域经济合作,协助中国澳门中小企业与邻近地区企业深入了解葡语国家市场。中国澳门与非洲其他葡语国家的合作交流密切程度远远比不上中国澳门与葡萄牙、巴西的程度,与安哥拉、莫桑比克等非洲葡语国家仅签订了旅游合作谅解备忘录。其中原因除了部分非洲国家存在政局不稳的因素之外,更重要的是相当多的非洲国家经济发展水平较低,彼此间经贸、文化交流的有效需求不足。中国澳门与东帝汶的经贸合作也比较少,仅有的几项合作包括 2013 年中国澳门旅游局与东帝汶旅游部旅游处签署的旅游合作谅解备忘录以及中国澳门推动浙江舟山企业赴东帝汶进行渔业捕捞、水产品加工等海洋合作项目。

## (二)澳门平台存在的问题

### 1. 澳门对平台作用的思考与认识不足

中国澳门作为中国与葡语国家合作交流平台的定位明确,但平台自成立以来更多落实在宏观层面上,实际上发挥的作用并没有达到应有的高度。澳门特区的政协委员曾提出解决澳门平台不作为的提案，但该问题并未得到应有的重视。社会各界对中国澳门作为中国和葡语国家经贸合作服务平台的作用的认识和了解还有待进一步加深。

### 2. 澳门优势众多，但缺乏整合

中国澳门是天然自贸区，关税低，实行自由经济体制，与葡语国家在语言、制度上相通，具有一批从事中葡双语翻译、法律、公证、金融服务的专业机构等，这些都是中国澳门的特有优势。但是，澳门特区的优势较为分散，特区政府缺少有力的产业扶持政策，同时，对在澳门特区开展葡语国家经贸合作的企业也缺乏相应的优惠政策或便利措施，更没有"一条龙"的匹配服务，导致市场认知度低，没有凝聚成组合优势和品牌效应。

### 3. CEPA 的推动作用仍未完全发挥

CEPA 属于世界贸易组织（World Trade Organization，WTO）规则下的双边自贸协议。由于澳门特区第二产业不发达，10 多年来CEPA 对促进两地货物贸易的效果不是很好。在 CEPA 现有条款中包括原产地及直接运输等规则，使在澳门特区仅进行简单加工的货物无法享受零关税优惠，经澳门特区的转口贸易也无法享受 CEPA 的内地零关税优惠。在服务贸易及投资领域的许多条款只有原则性和方向性的类似"放宽""鼓励"等概括性表述，少有具体落实细则，对两地的服务贸易及投资活动也难以起到较好的促进作用。

### 4. 中国澳门与葡语国家的经贸量和其定位不匹配，经济直接互补性空间小

2013 年，中葡贸易额约为 1354 亿美元，但中国澳门与葡语国家间贸易规模较小，存在非常大的差距。出现这种情况的原因主要是中国澳门经济与葡语国家经济直接互补性空间较小：除了葡萄牙和巴西，其余葡语国家最具比较优势的部门一般集中在自然资源部门，特别是矿产资源部门，但中国澳门制造业已经萎缩，对自然资源需求较小；中国澳门需要的是机器设备、零件、钟表、纺织品等制成品出口市场以及游客资源，但大部分葡语国家经济较为落后，

进口中国澳门产品和服务的能力有限。

### 5. 葡语国际组织对各成员间合作的推动作用发挥不足

尽管以葡语为核心的国际组织,如葡语国家共同体(Community-ty of Portuguese-Speaking Countries,CPLP)举办了多项定期或不定期活动,但是这类组织较松散,对推动各成员之间的合作尤其是经济领域的合作,成果十分有限。

## 四 研究结论及完善澳门平台的政策建议

### (一)研究结论

中国澳门作为中国与葡语国家合作交流平台的定位明确,在促进中国与葡语国家经贸合作交流方面发挥着越来越重要的作用。但中国澳门作为中葡商贸合作服务平台仍然存在一些不完善的地方,如澳门对平台作用的思考与认识不足;澳门优势众多,但缺乏整合;CEPA 的推动作用仍未完全发挥;中国澳门与葡语国家的经贸量和其定位不匹配,经济直接互补性空间小;葡语国际组织对各成员间合作的推动作用发挥不足;等等。

### (二)完善澳门平台的政策建议

#### 1. 深刻认识平台作用,整合既有优势

国务院 2015 年 12 月 16 日通过的《中华人民共和国澳门特别行政区行政区域图(草案)》,明确了澳门特区的海域管辖范围。这一举措相当于把澳门特区的发展空间扩大了 2~3 倍,为澳门特区的中长期发展争取到资源、空间和新的机会,为澳门特区更好地参与国家"一带一路"建设奠定了良好基础。澳门特区应该充分认识其作为中葡商贸合作服务平台的作用,紧密对接国家战略和对外开放需求,加强与中央及广东的沟通协调,加快推进相关区域海域工程等大型用海项目的落实,充分利用港珠澳大桥的便利条件,围绕拓展蓝色经济空间的目标,充分利用其在"21 世纪海上丝绸之路"的重

要地位和影响，促进中国与葡语国家的经贸合作，增强对葡语国家的辐射作用。

**2. 加强平台基础设施建设，改善澳门平台的软环境**

加强商贸平台的海、陆、空等全方位的交通基础设施建设。在海运建设方面，由于建设深水港代价高昂，加之地理条件的限制，澳门特区短期内难以实施深水港建设，可以探索澳门特区与珠海高栏深水港的合作举措。在陆运建设方面，广珠澳高速公路、广珠澳铁路、沿海高速公路和铁路，以及澳门、珠海连接香港的跨海大桥等陆路建设，提高了澳门特区同内地以及外界的经贸往来的便利程度。在空运建设方面，开辟中国澳门与葡语国家的国际航线，促使中国与这些国家的经济联系不断加强。此外，还要大力改善澳门平台的软环境，例如澳门特区的投资营商环境及商贸配套服务等。

**3. 开展多种形式的合作，积极寻找和扩大合作空间**

为加强中国和葡语国家经贸合作关系，中国澳门应继续积极发挥其平台作用，积极推动中国澳门、中国内地及葡语国家的相关企业在双边贸易、产业合作、金融投资、基础设施建设、资源开发以及语言、文化交流等领域共同开展多种形式的合作，积极寻找和扩大合作利益交集。重点关注并加强与巴西、安哥拉、几内亚比绍、圣多美和普林西比在农业特别是渔业领域的合作，探索与安哥拉、东帝汶、赤道几内亚在油气开采等方面的合作空白领域。

**4. 加强中葡商贸平台的舆论宣传，适时提升澳门平台的知名度**

采取建立官方网站、开设官方微博和微信公众号等方式加大中国澳门作为中葡商贸合作服务平台的宣传力度，让社会各界更为广泛地了解该平台的优势和作用。通过争取每年在澳门特区开展葡语国家活动，组织更多的中国内地和澳门企业前往葡语国家举办会展活动，同时协助更多葡语国家企业到中国内地或澳门参与会展活动，提升澳门平台的知名度。中国澳门作为中国与葡语国家间的经贸合作平台，正在逐步发挥作用，但未来还有很大的发展空间。这个空间不仅在于中国澳门继续拓展中葡商贸平台的发展空间，还在于中国澳门可以适时将平台的影响力从葡语国家扩展到拉丁语国家，服务地区可得到极大的扩展。

# Research on the Upgrading of Macao's "Sino Portuguese Business Cooperation Service Platform" from the Perspective of Marine Economy

*Li Ning*[1]  *Zhang Yanhang*[2]  *Wang Fangfang*[3]

*(1. South China Sea Institute of Planning and Environmental Research, SOA, Guangzhou, Guangdong, 510300, P. R. China;*

*2. School of Business Administration, Guangdong University of Finance, Guangzhou, Guangdong, 510521, P. R. China;*

*3. Institute of Marine Economics, Guangdong University of Finance and Economics, Guangzhou, Guangdong, 510320, P. R. China)*

**Abstract:** As a service platform for business cooperation between China and Portuguese speaking countries, Macao is playing an increasingly important role in promoting economic and trade cooperation and exchanges between China and Portuguese speaking countries. As a special micro economy, Macao SAR has limited resources to promote economic growth, resulting in the lack of development factors, unique industrial structure, obvious re export-oriented and other unique characteristics of micro economy. To some extent, these characteristics are also important issues to be solved in the future economic and social development of Macao SAR. This paper combs the existing problems of Macao as a service platform for business cooperation between China and Portuguese speaking countries, and puts forward relevant policy suggestions to improve Macao platform combined with the new opportunities brought by

Macao maritime delimitation. This is not only conducive to the smooth realization of Macao's development orientation given by the state, but also has positive significance for the state to promote the construction of Guangdong-Hong Kong-Macao Greater Bay Area.

**Keywords:** Portuguese-Speaking Countries; Sino-Portuguese Platform; Maritime Trade; Maritime Power; Guangdong-Hong Kong-Macao Greater Bay Area

（责任编辑：谭晓岚）

# 基于"两山论"的海岛生态经济发展路径分析[*]

## ——以长海县为例

杨正先 黄 杰 李 爱[**]

摘 要 "两山论"是生态文明建设的理论基石,可为海岛发展生态经济提供指引。本文以长海县为例,回顾海岛产业发展及资源环境变化趋势,结合"两山论"的相关论点,分析主要产业的资源环境承载力状况,以及"绿水青山"转化为"金山银山"的生态经济发展路径。当前长海县养殖业已经接近资源环境承载力超载阈值,需要通过技术革新和资源环境整合修复,推进养殖业绿色新发展。休闲旅游业是增长潜力所在,目前主要受制于交通、基础设施等因素,通过机场、码头扩建和空中、海上航线的增加,以及生态修复和旅游设施建设,可补齐短板,大力推进海岛生态经济发展。

---

* 本文为大连市长海县国土空间总体规划海洋保护与利用分区编制项目"海洋资源环境承载能力与国土空间适宜性评价"(项目编号:CJCG – 2020 – 006)、国家自然科学基金项目"海上风电的比较效益与布局模式研究"(项目编号:41801195)阶段性成果。

** 杨正先(1980~),男,国家海洋环境监测中心高级工程师,主要研究领域为海洋资源环境管理支撑技术;黄杰(1982~),女,国家海洋环境监测中心高级工程师,主要研究领域为海洋资源综合管理;李爱(1981~),女,辽宁省海洋水产科学研究院副研究员,主要研究领域为海洋环境监测与评价。

关键词 ┊ 休闲旅游业　生态经济　生态修复　海岛经济　资源
　　　 ┊ 环境承载力

# 一　"两山论"与生态文明建设

　　"两山论"是生态文明建设的理论基石，是中国化的马克思主义认识论①，也是地方经济发展与生态环境保护关系的指导原则。2005 年 8 月 24 日，习近平总书记在安吉县考察后在《浙江日报》上发表评论，指出"生态环境优势转化为生态农业、生态工业、生态旅游等生态经济的优势，那么绿水青山也就变成了金山银山"②，这一论述为具有生态环境优势的地区经济发展指明了方向。改革开放以来，中国经济得到了飞速发展，仅用 30 多年的时间便完成了西方发达国家上百年的发展历程。但与此同时，部分区域资源消耗告急、环境恶化，资源环境承载力下降，导致经济增速下滑。海岛地区自然资源丰富，生态系统脆弱性强。能否科学认识和妥善处理海岛资源环境保护与社会经济发展的关系、明确海岛生态经济发展路径，是"两山论"重要的理论深化和实践落实问题，关系到海洋生态文明建设成败。

　　"金山银山"和"绿水青山"是对立统一的概念，"绿水青山"代表优质的生态环境质量与生态产品服务，是经济和社会可持续发展的源泉和本钱。③"绿水青山"还是人类生存和发展的重要目标之一，随着居民收入水平的提高和环境保护意识的增强，"绿水青山"的重要性越来越得到体现和重视，成为基本物质生活条件改善之后

---

① 赵建军、杨博：《"绿水青山就是金山银山"的哲学意蕴与时代价值》，《自然辩证法研究》2015 年第 12 期。

② 习近平：《绿水青山也是金山银山》，《浙江日报》2005 年 8 月 24 日，第 1 版。

③ 秦昌波、苏洁琼、王倩、万军、王金南：《"绿水青山就是金山银山"理论实践政策机制研究》，《环境科学研究》2018 年第 6 期。

的刚性需求,也是旅游业发展的重要资源。"金山银山"则代表良好的经济发展水平和物质财富,是地方乃至国家发展的命脉所在,只有当社会经济发展良好且蒸蒸日上的时候,才有更大的力量来解决社会发展中的诸多问题,包括生态环境保护、社会福利保障、科学文化发展等。

## 二 "两山论"与资源环境承载力

### (一)"绿水青山"与"金山银山"的和谐共生

"绿水青山"与"金山银山"共同构成良好的"社会—经济—自然"复合生态系统,"既要金山银山,又要绿水青山"是生态文明发展目标,"宁要绿水青山,不要金山银山"是生态优先的环保意识,"绿水青山就是金山银山"是自然资源资产审计制度及地方管理者绩效考核的基本原则。建设生态文明的基本要求是维护"社会—经济—自然"复合生态系统中人口生产、物质生产和生态生产之间的动态平衡,走生产发达、生活幸福和生态良好的"三生共赢"之路[1],实现"绿水青山"与"金山银山"的和谐共生。

"绿水青山"转化为"金山银山"必须遵循"社会—经济—自然"复合生态系统复杂性的规律,包括时滞效应、非线性变化、空间异质性、反馈效应、路径依赖以及驱动因子交互作用等一系列复杂性规律。[2] 从复合生态系统的结构和功能整合入手,消除短板限制因素,强化优势因素,通过适宜性管理解决发展中的问题,推进人与自然的和谐发展。"社会—经济—自然"复合生态系统的演替受多种因子的影响,其中主要有两类因子在起作用:一类是利导因

---

① 杨朝霞:《生态文明建设观的框架和要点——兼谈环境、资源与生态的法学辨析》,《环境保护》2018 年第 13 期。

② W. Yang, et al., "Nonlinear Effects of Group Size on Collective Action and Resource Outcomes," *Proceedings of the National Academy of Sciences of the United States of America* 110 (2013): 10916 – 10921.

子，另一类是限制因子。① "绿水青山"转化为"金山银山"需要一定的条件和驱动力。区域的发展通常是关键性产业的利导因子在起作用，并打破原有的限制因子限制，实现一次或多次迭代的增长，并带动相关产业和区域的协同发展。

## （二）资源环境承载力与产业可持续发展

"两山论"中的"绿水青山"可以理解为良好的生态环境与丰富的自然资源。资源环境承载力是产业发展的限制和制约因素，是创造和实现"金山银山"的基础。产业的资源环境承载力可以定义为在特定的资源支撑和环境限制条件下，该产业维持其自身的生存和持续发展的能力。如果开发强度超出承载阈值，则产业发展就会停滞、衰退甚至崩溃。产业发展对资源环境的利用不能超过资源上限和环境容量，不能以破坏或过度利用经济发展赖以维持的资源和环境为代价。②

另外，产业发展也需要合理、有效利用资源环境优势，探索"绿水青山"转化为"金山银山"的路径，避免资源长期闲置而难以实现社会经济价值。通过完善基础设施、优化配套政策、提高管理水平补齐产业发展的短板，增强把"绿水青山"转变为"金山银山"的能力，最终实现"既要金山银山，又要绿水青山"的生态文明发展目标。

## （三）基于资源环境承载力的海岛生态经济发展路径

历史上海岛地区通常以捕捞业为主，随着近几十年养殖技术的发展及渔业资源的衰退，养殖逐步代替捕捞成为支柱产业。与此同时，随着中国经济的大发展及港口交通需求的提高，部分具有良好区位及水深条件的海岛成为重要的港口、重工业及仓储基地，如嵊

---

① 王如松、欧阳志云：《社会—经济—自然复合生态系统与可持续发展》，《中国科学院院刊》2012年第3期。

② 张逸昕、崔茂中：《产业资源承载力界定及其技术方法支持——专家评分法和层次分析法的综合应用》，《管理现代化》2011年第5期。

泗洋山岛、曹妃甸、舟山、洞头。部分具有良好休闲旅游资源的海岛，也通过旅游开发获得经济大发展，如涠洲岛、普陀山岛等。由于与大陆有地理阻隔，海岛生态系统具有明显的独特性，对人为活动产生的干扰反应灵敏，遭到破坏后很难得到恢复，对海岛的生态环境和社会经济发展构成了严重威胁。① 因此，除了上述少数开发型的海岛以外，多数海岛地区功能以生态保护为主，农渔业、休闲旅游业通常是海岛地区的主要发展产业，同时也是资源环境依赖性产业。在资源环境承载力之内合理开发可以保证产业资源配置效率和生产效率的提高，对推动海岛经济可持续发展具有关键性作用。

"绿水青山"与"金山银山"在不同产业发展阶段及区域资源禀赋下，呈现多种多样的关系及复杂的演化机制。在农业文明和工业文明时期，很多时候是以"绿水青山"换取"金山银山"，在获得生产力和经济快速发展的同时，人口数量及开发强度超过了资源环境承载力，从而导致一系列的生态环境问题，甚至会造成社会经济的全面衰退。古代的拉帕努伊人曾在复活节岛上创造过辉煌和文明，但是森林砍伐、渔猎等过度开发活动最终导致海岛资源环境承载力的丧失。15 世纪后，岛上的大棕榈树灭绝，森林的消失导致水土流失，人类社会也陷入混乱并导致最后的文明覆灭。② 在海岛生态脆弱性的背景下，将"两山论"落实到海岛地区产业发展，实现"绿水青山"与"金山银山"的合理有效转化，是当前海岛生态文明建设的关键性目标之一。

# 三 长海县生态经济发展路径分析

## （一）长海县基本情况

长海县位于黄海北部，属暖温带半湿润季风性气候，隶属于辽

---

① 池源、石洪华、郭振、丁德文：《海岛生态脆弱性的内涵、特征及成因探析》，《海洋学报》2015 年第 12 期。
② 方陵生：《复活节岛文明兴衰之谜》，《大自然探索》2007 年第 3 期。

宁省大连市。全县包括 195 个海岛，陆域面积为 142 平方公里，海域面积为 10324 平方公里，海岸线长 359 公里。① 长海县海域广阔、水质优良、营养盐丰富，是鱼、虾、贝、藻等温带海洋生物理想的栖息场所。绿色的岛屿群镶嵌在蓝色的大海中，断崖海蚀景观独具特色，建有各类旅游景点 45 处，其中 3A 级和 2A 级景区各 2 处。

2019 年长海县地区生产总值达 83.6 亿元，比上年增长 0.3%，三次产业的比例构成为 61:2:37。② 长海县主要产业包括海水增养殖业、海洋捕捞业、水产品加工业和海岛旅游业。根据 2013～2019 年《长海县国民经济和社会发展统计公报》，2013 年以来长海县养殖业、捕捞业产值及旅游业综合收入年度变化如图 1 所示，2018～2019 年养殖业及捕捞业产值均低于 2016～1017 年，渔业增长乏力。2019 年实现旅游业综合收入 16.1 亿元，同比增长 7%，旅游业发展持续向好。

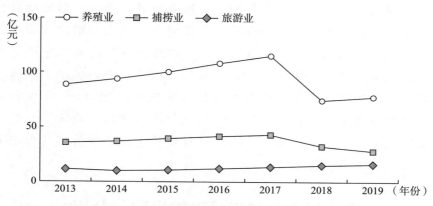

**图 1 2013～2019 年长海县养殖业、捕捞业产值及旅游业综合收入年度变化**

资料来源：2013～2019 年《长海县国民经济和社会发展统计公报》。

---

① 《长海县情简介（文字版）》，长海县政府网站，2018 年 5 月 29 日，https://www.dlch.gov.cn/details/index/tid/509058.html，最后访问日期：2021 年 3 月 3 日。

② 资料来源：《2019 年长海县国民经济和社会发展统计公报》。

## （二）长海县产业演化

长海县的主导产业有海水增养殖业、海洋捕捞业、水产品加工业和海岛旅游业。其中海水增养殖业是支柱产业，2017 年，全县已开发利用海域 964.6 万亩，占海域总面积的 62.3%，是全国最大的海珍品增养殖基地。[①] 长海县主要养殖种类为贝类，特别是虾夷扇贝在市场上享有盛誉，但虾夷扇贝底播易受自然环境及病虫害等其他因素影响，多年成活率不高，风险抵抗力较差。

海洋捕捞业是长海县的传统产业，2017 年长海县共有捕捞渔船 1596 艘。水产品加工业是海岛工业的主体，2017 年长海县有水产品加工企业 46 家，产品包括十大类 50 余个品种。长海县渔业经济总产值自 2017 年呈下降趋势，渔业经济增长乏力。长海县海岛旅游业呈现较快发展态势，是中国北方知名的海岛旅游目的地。

长海县 1989 年之前处于"一产 > 二产 > 三产"的产业结构，1989 年之后调整为"一产 > 三产 > 二产"的产业结构，至 2019 年一直没有发生变化。在全国 12 个海岛县级行政单位中，2019 年仅有长海县和长岛综合试验区长期保持"一产 > 三产 > 二产"的产业结构[②]，仍属于产业演化的初级阶段，在很大程度上还是靠天吃饭，产业效益波动性大，经济增长乏力。

## （三）长海县资源环境状况

长海县海域渔业资源非常丰富，长期以来为当地社会经济发展提供了资源基础。海洋捕捞业是长海县的传统产业，20 世纪 80 年代以前，捕捞产量占到总产量的 75% 以上，近几十年过大的捕捞强

---

① 《长海县情简介（文字版）》，长海县政府网站，2018 年 5 月 29 日，https://www.dlch.gov.cn/details/index/tid/509058.html，最后访问日期：2021 年 3 月 3 日。

② 资料来源于《2019 年长海县国民经济和社会发展统计公报》《2019 年长岛综合试验区国民经济和社会发展统计公报》。

度致使长山群岛海域渔业生态系统的结构和功能发生显著变化。根据长山群岛游泳生物调查及统计数据，长山群岛海域因为过度捕捞，主要经济鱼类更替明显，高营养级肉食性鱼类的生物量明显下降。由于海洋渔业资源因过度捕捞减少，以及海水增养殖技术的提高，20 世纪 80 年代海水养殖业开始大规模发展，自 1987 年长海县养殖产量占水产品的比重超过海洋捕捞量。① 近年来，政府部门采取了禁渔期管理、渔船消减、改进渔具、建设海洋牧场、增设人工渔礁石、增殖放流等一系列对策开展渔业资源恢复，今后还需进一步减轻捕捞压力并加强生态系统保护。由于多年过度捕捞以及大批拖网渔船在产卵场作业时损害了海藻场及海草床，20 世纪 90 年代初期，绿鳍马面鲀等鱼类已经严重衰退。②

长海县水质主要为Ⅰ类，北侧及岛屿周边有不规律分布的Ⅱ类水质，在不同的调查年度和季节情况下Ⅱ类水质区的位置会发生变化，长山群岛海域无机氮含量较低，水体无富营养化现象，春季无机氮含量略高于夏季，秋季最高。长山群岛海域虽然养殖业发达，存在海域富营养化的压力，但陆源污染影响较小，加上海岛海域水体交换能力强，营养盐含量相对较低，长海县海水环境承载状况总体较好，满足生态保护、海水养殖及旅游业的水质要求，良好的水质是长海县海珍品养殖和海岛旅游业等产业发展的重要环境基础和保障。

## （四）生态经济发展路径分析

国内外经济发展较好、转型成功的海岛主要有两种发展路径——工业化发展路径和旅游业发展路径。其中工业化发展路径依赖发达区域的经济辐射，长海县虽然具备建设深海港口以及石油储备生产

① 宋伦、王年斌、董婧、张玉凤、温泉：《捕捞对长山群岛海域渔业生态系统的影响》，《生态学杂志》2010 年第 8 期。
② 李晓炜、赵建民、刘辉、张华、侯西勇：《渤黄海渔业资源三场一通道现状、问题及优化管理政策》，《海洋湖沼通报》2018 年第 5 期。

基地的深水条件,但其定位为"国际生态岛",大规模开发并不符合总体规划定位。长海县海域面积广阔且风能资源丰富,未来随着海上风电技术的成熟和成本的降低,海上风电新能源可以作为长海县重要的发展产业,并且还可以考虑将海上风电与深海养殖融合发展。随着经济的发展及人民生活水平的提高,旅游业仍然是朝阳产业,长海县旅游业近十年一直保持平稳较快增长,旅游业是长海县未来产业转型升级的最大可能和潜力所在。

根据长海县主要产业的发展历史、现状及未来,本文绘制了长海县主要产业变化示意图(见图2)。历史上海洋捕捞业是长海县传统产业,根据长海县渔业统计年报数据,20世纪近岸捕捞量均在50万吨以内,2014年到达捕捞量的顶峰,之后逐年下降。实际上在捕捞量下降之前渔业资源就已经衰退,未来通过生态修复和降低捕捞强度,可以实现渔业资源的恢复。20世纪中叶海水养殖业开始迅速发展,在80年代末超过捕捞业成为支柱产业,带动长海县经济获得快速发展,但是近几年渔业经济增长乏力。对于一般产业发展而言,在技术不变的条件下,随着可变生产要素投入的增加,生产者的边际报酬通常是先增加后减少的,在超过边际报酬增长的临界点之后继续增加可变要素会破坏规定要素的既有属性从而导致边际报酬不增反降。① 近十年,随着养殖面积的逐步增加,长海县渔业经济并没有显著增长。近两年,长海县海水养殖病害增多,经济效益下降,说明养殖业在现有技术条件下已经接近资源环境的承载力超载阈值,有必要通过改善渔业资源环境强化生态修复,需要通过探索多品种、多元化、多营养层的综合立体健康养殖格局实现渔业资源环境承载力的提高。此外,各岛屿均存在不同程度的大规模养殖生产所带来的环境脏、乱、差现象,这也是限制休闲旅游业发展的重要因素。

---

① 张宏亮、何波:《从承载力的属性分析承载力研究的理论基础》,《中国国土资源经济》2013年第8期。

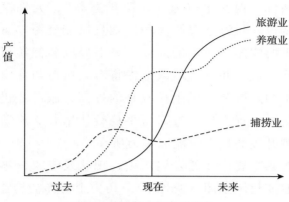

**图 2　长海县主要产业变化**

　　休闲旅游业的发展对长海县发展生态经济、建设生态文明具有重要意义。长海县休闲旅游业发展目前主要受交通条件制约，气候适宜度也处于较低水平，旅游资源条件与国际旅游岛相比有较大差距。但长海县发展旅游在中国北方仍具有一定的相对优势，包括岛屿众多、海珍品质量高、生态环境良好、夏季气候舒适等优点，并且是极少数建有民用机场的岛屿县，机场扩建已经完成前期准备工作。近几年旅游业呈现快速增长趋势，也证实了长海县发展休闲旅游业仍具有巨大潜力。目前受生态红线等制约，长海县的休闲旅游业开发受到一定的影响，但是从长期来看，限制大规模开发对发展有生态特色的休闲旅游业具有重要价值，并且国家级重大生态修复工程，如投资 3 亿元的广鹿岛生态岛礁建设项目，对长海县改善旅游资源环境也是重要助力。

## （五）未来分析及对策建议

　　结合产业发展现状及未来趋势，长海县产业结构仍处于调整期，旅游业已经逐步超越捕捞业成为重要支柱产业。随着海上及空中交通条件大为改善，休闲度假旅游产品体系不断完善，在长海县经济发展中所占的比重会逐步增加，预计 2030 年旅游收入将超过30 亿元，上岛人次超过 250 万人次。近 20 年，养殖业仍然是长海县主导产业。随着长海县养殖业的升级，海洋牧场向生态化、规范化、产业化方向发展，预计 2030 年渔业总产值将超过 150 亿元。预计 2040 年前后，随着东北亚群岛型高端国际旅游度假区的建成，旅游业将实现快速发展，并超过养殖业成为长海县第一大产业，区域转型升级进入新阶段。

区域经济结构正向演化通常需要两大驱动力：一是外力注入，包括建设投资、政策、人力输入、技术引进等，实现短时间内的经济跃迁；二是自组织发展，包括强化内部管理、降本增效、搞好营商环境和生活环境等。浙江省安吉县在"两山论"的指引下，获得了经济、生态"双丰收"，通过发展茶叶、竹制品加工和旅游业等生态产业实现了区域发展，成为生态文明示范县。长期依靠海洋资源环境发展的长海县也可以通过落实"两山论"，有效整合自然资源及社会经济资源，通过补齐短板强化优势，实现"绿水青山"到"金山银山"的有效转化。

养殖业需要从过去追求养殖面积扩大和养殖产量增加，转向更加注重品种结构、产品质量和经济效益的提高，做好养殖技术的革新和资源环境的系统整合和修复，重点加强对立体生态养殖技术的研究和产业化，并考虑海洋牧场与海上风电场的融合发展。旅游业发展需要通过机场、码头的扩建和空中、海上航线的增加，以及生态修复和旅游设施建设补齐短板，并通过改善营商环境和营造休闲度假文化氛围增强对外来投资及游客的吸引力。在中远期，积极推进陆岛通道和旅游产业重大项目建设，打造高端休闲度假区及康养产业集群，实现"东北亚国际休闲旅游岛"的特色定位。将"绿水青山"的资源优势有效转化为"金山银山"，大力推进海岛生态经济发展，打造中国北方海洋生态文明建设的新高地。

# Analysis of Island Eco-economic Development Path Based on "Two Mountains Theory" —Take Changhai County as an Example

*Yang Zhengxian[1], Huang Jie[1], Li Ai[2]*

*(1. National Marine Environment Monitoring Center, Dalian, Liaoning, 116023, P. R. China;*

*2. Liaoning Ocean and Fisheries Science Research Institute, Dalian, Liaoning, 116023, P. R. China)*

**Abstract:** The "Two Mountains Theory" is the theoretical cornerstone of ecological civilization construction, which can provide scientific guidance for the development of island ecological economy. Taking Changhai County as an example, this paper reviews the development of island industry and the changing trend of resources and environment, analyzes the resource and environmental carrying capacity of major industries and future development path combined with the relevant arguments of "two mountains theory". It is considered that the mariculture carrying capacity in Changhai County is close to the overload threshold, and need to upgrade to a new green phase through technological innovation and system integration and restoration of resources and environment. Leisure tourism is the biggest growth potential in Changhai County. At present, the transformation of "green water and green mountains" into "Golden mountain and silver mountain" is mainly restricted by transportation, infrastructure and other factors. Through the expansion of airport and wharf, the increase of air and sea routes, as well as the ecological restoration and construction of tourism facilities, the short board of tourism carrying capacity can be supplemented, the attraction of tourists can be enhanced, and the transformation and development of island ecological economy can be promoted.

**Keywords:** Leisure Tourism; Ecological Economy; Ecological Restoration; Island Economy; Carrying Capacity of Resource and Environment

（责任编辑：谭晓岚）

# 中国海域资源价格形成机制探析

贺义雄*

摘　要　从定价的行为过程看，中国现行海域资源价格形成机制存在所有者代表不适合、一级市场化率低、交易行为不规范、市场化出让积极性不高、国家海域使用金标准偏低、价值在评估结果中的体现不充分等问题。对此，需要做好明确国家所有者产权主体、在不同性质的海域使用主体间平等配置资源、进一步发展挂牌出让手段、完善海域收储制度、搭建全国性市场交易服务平台、加强海域使用金标准制定过程管理、摸清家底、完善海域使用权价格评估体系与海洋生态补偿制度体系等工作，从而保障海域资源要素的自主有序流动，促进海洋经济高质量发展。

关键词　海域资源　海域使用权　价格形成机制　海域使用金生态价值

近年来，"海洋强国"战略的深化，推动了中国海洋经济的飞速发展。全国海洋生产总值从 2013 年的 54313 亿元增长到 2020 年

---

\*　贺义雄（1981～），男，浙江海洋大学经济与管理学院副教授，主要研究领域为海洋资源价值评估与核算、海洋经济运行评价与政策。

的 80010 亿元①，年均增长 5.7%，占 GDP 的比重稳定在 9.3% 左右，可见，海洋经济已经成为国民经济的重要组成部分，更是沿海地区国民经济发展的重要增长点。而随着海洋产业的发展，海洋经济从传统船舶、盐业等转向海洋港口、油气、养殖等综合开发，其发展过程依然面临着诸多制约因素。

海域②资源作为海洋经济的核心生产要素之一，一方面，受到开发无序、过度等的影响，环境污染及资源退化现象严重，同时不稳定、不畅通的市场流动导致开发不足等问题，使得空间供需矛盾突出。产生这些问题的根本原因之一就是当前其价格形成机制仍不完善，无法全面、真实、有效地反映资源稀缺程度、市场供求和环境生态状况等决定其价值③的关键因素，导致开发使用主体受利益驱动，过多使用廉价资源并损害环境。另一方面，自党的十八届三中全会提出"使市场在资源配置中起决定性作用"以来，特别是随着《中共中央 国务院关于构建更加完善的要素市场化配置体制机制的意见》《中共中央 国务院关于新时代加快完善社会主义市场经济体制的意见》等文件的颁布，党的十九届五中全会审议通过的《中共中央关于制定国民经济和社会发展第十四个五年规划和二○三五年远景目标的建议》对市场在资源配置中作用的强调，海域资源作为一种重要的生产要素，以产权让渡的各种形式进入市场交易、流通已是必然要求，但这种交易需要通过价格这一核心要素来承载，这也就需要健全的机制，从而公平合理地确定海域资源价格。

因此，完善海域资源的价格形成机制，对推进其自主有序流

---

① 历年《中国海洋经济统计公报》，http://www.mnr.gov.cn/sj/sjfw/hy/gbgg/zghy-jjtjgb/，最后访问日期：2021 年 6 月 30 日。

② 根据《中华人民共和国海域使用管理法》的规定，本文中的海域为中国内水、领海的水面、水体、海床和底土所涵盖的区域。

③ 传统的资源价值观是建立在"资源无价"的基础上的，但现在"资源有价"的观点已达成共识。根据对资源价值的分析，海域资源的价值由其经济价值（即海域资源对人类的生产和生活提供的空间效用价值）与生态系统服务价值构成。

动、处理好海洋经济发展与海洋资源开发利用的关系、更好地建设海洋生态文明、保障国民经济和社会发展的远景目标在海洋领域的实现、最终促进中国海洋经济的高质量发展意义重大。①

# 一　相关研究文献评述

目前，中国关于海域资源价格形成方面的研究主要集中在两大领域。一是海域资源价格研究，自1993年财政部和国家海洋局共同颁布实施《国家海域使用管理暂行规定》以来，关于海洋资源（特别是海域）价格的研究逐渐增多，主要体现在三个方面：①价格理论研究，如对海域价格确定的理论基础与价格体系的探讨②，对滩涂价值的分析③，对中国海域价格构成的研究④，对渤海海域生态系统服务价值构成的确定⑤；②价格影响因素研究，如对海域价格影响因素选取的原则、评价体系的构建与主导因素的确定方法等进行的探讨⑥，从海域价格的构成角度对海域价格的相关影响因素进行的分析⑦，对资源级别、纯收益等因素给海域价格造成的影响的探

---

①　王宏：《着力推进海洋经济高质量发展》，2019年11月22日，http://www.qstheory.cn/llwx/2019－11/22/c_1125262705.htm，最后访问日期：2021年6月30日。

②　王利、苗丰民：《海域有偿使用价格确定的理论研究》，《海洋开发与管理》1999年第1期。

③　韩进萍、徐敏：《江苏沿海滩涂开发利用评价》，《海洋开发与管理》2006年第2期。

④　秦书莉：《论我国海域价格的理论构成》，《时代经贸》（下旬刊）2008年第9期。

⑤　吴姗姗、刘容子、齐连明、梁湘波：《渤海海域生态系统服务功能价值评估》，《中国人口·资源与环境》2008年第2期。

⑥　苗丽娟、苗丰民、张永华、王玉广、马红伟、贾凯：《海域使用价格影响因素评价体系的建立》，《国土资源科技管理》2004年第6期。

⑦　李杰耘、梁银花：《海域价格形成机制及其影响因素》，《知识经济》2014年第13期。

讨①；③价格评估的方法与实证研究，如对地租理论在海域价格评估中的应用的分析②，对机会成本法、资源破坏损失估算法、市场法、恢复费用法和影子工程法等五种海域价格评估方法的构建③，对自由现金流量法在海域使用权价值评估中的适用的探讨并将其应用于某港池评估的实证研究④，对资源质量评价比较法在旅游娱乐用海评估中的应用及对不同方法的局限性的分析⑤，选取海南省文昌市人工岛项目作为案例对假设开发法在海域价格评估中的应用的研究⑥，对海域基准价格评估方法体系的构建及对厦门市货运港口用海、客运港口用海、游乐场用海和游艇泊位用海的海域基准价格的评估⑦。二是海域资源市场化配置与流转研究，如对中国海域资源配置机制的发展过程的梳理及对相应特征的分析⑧，对完善中国海域使用权市场流转机制的建议⑨，对福建省海域资源市场化配置中亟待解决的问题的分析⑩，对中国海域资源市场化配置过程中面

① 王涛、何广顺：《我国海域资源资产定价研究》，《海洋通报》2018年第1期。
② 王宝铭、齐连明、徐伟、岳奇、梁湘波：《试论地租理论在海域评估中的应用》，《海洋开发与管理》2006年第5期。
③ 刘一美、张戈：《海域使用金征收的理论依据及评估方法》，《海洋开发与管理》2007年第2期。
④ 徐伟、梁湘波、岳奇：《现金流量法在海域使用权价值评估中的应用》，《海洋经济》2011年第5期。
⑤ 赵梦、岳奇、梁湘波：《资源质量评价比较法在旅游娱乐用海评估中的应用》，《海洋开发与管理》2015年第5期。
⑥ 林静婕、张继伟、袁征、温荣伟：《假设开发法在海域价格评估中的应用研究》，《环境与可持续发展》2016年第4期。
⑦ 沈佳纹、彭本荣、王嘉晟、彭宇航、曹英志：《海域基准价格评估：厦门案例研究》，《海洋通报》2018年第6期。
⑧ 曹英志、杨潇、朱凌、王琦：《我国海域资源配置机制的发展历程及特点分析》，《中国渔业经济》2014年第1期。
⑨ 冯友建、张鹤：《宁波市海域使用权价格管理体系建设研究》，《海洋开发与管理》2015年第8期。
⑩ 陈忠禹：《海域资源市场化配置的实践与探索——以福建省为例》，《山西高等学校社会科学学报》2016年第4期。

临的主要问题的探讨①。

通过以上文献分析可以看出，目前对海域资源价格形成机制的阐述和分析还不够全面、系统、深入。鉴于此，本文尝试从以下两方面进行突破：一是系统梳理中国海域资源价格形成机制的发展脉络；二是基于海域使用权定价的行为过程视角，从机制设计与运行两方面分析中国现行海域资源价格形成机制存在的问题并提出完善的对策建议。

本文剩余部分按照如下方式构建：第二部分陈述了中国海域资源市场及价格形成机制的具体情况，第三部分分析了中国海域资源价格形成机制目前存在的问题，第四部分探讨了完善中国现行海域资源价格形成机制的对策建议。

## 二 中国海域资源价格形成机制

### （一）海域资源配置与价格形成的发展历程

鉴于海域资源的价格形成是海域资源市场化配置的重要一环，两者之间具有密切关联，本文从资源配置角度对中国海域资源价格形成的发展历程进行归纳（见表 1）。

表 1 中国海域资源价格形成的发展历程

| 时间 | 历程特征 | 标志性事件 |
|---|---|---|
| 1949 ~ 1993 年 | 海域资源配置未纳入经济体制范畴，资源无偿使用 | |
| 1993 ~ 2002 年 | 提出"海域使用权"①这一概念，确立海域有偿使用制度 | 1993 年《国家海域使用管理暂行规定》 |

---

① 陈培雄、李欣瞳、周鑫、相慧：《海域资源市场化配置问题及制度完善浅谈》，《海洋信息》2017 年第 3 期。

| 时间 | 历程特征 | 标志性事件 |
|---|---|---|
| 2002~2011 年 | 海域资源配置纳入了经济体制范畴；<br>形成以政府配置的定价手段为主、市场化配置的定价手段为辅的基本模式；<br>海域使用权出让②中政府定价国家统一基础标准确立实施，市场定价最终结果合法性评判依据产生 | 2002 年《中华人民共和国海域使用管理法》；<br>2007 年《关于加强海域使用金③征收管理的通知》（财综〔2007〕第 10 号） |
| 2011 年至今 | 市场在海域资源配置中的作用不断强化，市场化配置海域资源成为基本趋势，海域使用权"招拍挂"④的规模逐渐扩大，市场定价的占比逐渐增加⑤；<br>价格对海域资源的杠杆作用得到强化，并可以更好地促进海域这一国有资源的保值增值 | 2011 年，国家海洋局⑥首次提出市场在海域资源配置中的作用问题；<br>2018 年《关于印发〈调整海域 无居民海岛使用金征收标准〉的通知》（财综〔2018〕15 号） |

注：①中国海域资源属于国家所有，所以海域资源开发利用个人或组织不能获得资源的所有权，只能获得一定年限的海域使用权，但实际上是对海域资源本身进行开发使用；②通过出让这一行为，海域资源开发利用个人或组织从海域资源国家所有者手中获得海域使用权，进而可以对海域资源进行开发利用；③根据《〈中华人民共和国海域使用管理法〉释义》，海域使用金是国家以海域资源所有者身份向取得海域使用权的组织或个人收取的权利金；④即招标、拍卖与挂牌，这些是以市场化手段出让海域使用权的形式，与此相对的是行政审批（如协议出让）这一政府配置方式；⑤纪岩青：《福建规定以"招拍挂"方式出让海域使用权》，2015 年 9 月 21 日，http://www.oceanol.com/guanli/ptsy/yaowen/2015-09-21/50760.html，最后访问日期：2021 年 6 月 30 日；⑥2018 年 3 月，根据第十三届全国人民代表大会第一次会议批准的国务院机构改革方案，将国家海洋局的职责整合，组建自然资源部，自然资源部对外保留国家海洋局牌子；将国家海洋局的海洋环境保护职责整合，组建生态环境部；将国家海洋局的海洋自然保护区、风景名胜区、自然遗产、地质公园等管理职责整合，组建国家林业和草原局，由自然资源部管理，不再保留国家海洋局。

## （二）海域资源配置与价格形成机制的现状

### 1. 海域使用权交易市场组成

当前，从交易主体角度来说，海域使用权交易市场主要分为一级市场和二级市场，结构如图 1 所示。其中，一级市场是由政府海域行政主管部门通过行政审批、招标、拍卖等方式，将一定范围、一定年限的海域使用权有偿提供给开发使用海域的组织或个人，并向这些使用者收取一定的海域使用金。二级市场是海域使用权在使用者之间的转让或再转让。与土地等其他市场交易类型相似，海域使用权二级市场的交易方式主要有转让、出租和抵押三种，其中转让还可以分为买卖、交换、赠与和继承。

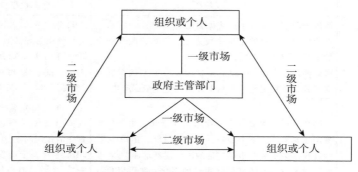

**图 1　中国海域使用权交易市场结构**

### 2. 海域使用权定价方式

目前，海域使用权价格主要由上述两级市场决定。其中，在一级市场上，依据配置方式可以分为政府确定与市场化两种定价方式。政府确定的定价方式主要对应行政审批出让这一配置方式，在这一方式下海域使用权价格主要根据用海类型与用海方式，依照国家或地方政府颁布的对应海域使用金标准①决定。市场化的定价方式主要对应市场化出让这一配置方式，这种方式通常先由社会第三方机构完成一定范围内拟按照某种用海类型与用海方式出让的海域使用权的价格评估工作，然后政府海域行政主管部门将完成价格评估的海域使用权通过招标、拍卖、挂牌等方式有偿提供给海域开发使用的组织或个人，并按照"招拍挂"的结果征收海域使用金。这一方式的实质是在保证不低于相应海域使用金标准的基础上，依据价格评估结果及相关税费等因素，确定海域使用权出让的标价、底价（或标底、起叫价、起始价等），再通过市场竞争的方式确定最终的出让价格。在二级市场上，主要为市场交易主体之间自行确定

---

①　依照《关于加强海域使用金征收管理的通知》《关于印发〈调整海域 无居民海岛使用金征收标准〉的通知》，各沿海省（区、市）必须要遵守国家的海域使用金征收标准，同时各地可以根据实际情况，制定不低于国家标准的地方海域使用金（有些地方用基准价替代）征收标准。

价格并实施交易行为。

# 三　中国现行海域资源价格形成机制存在的问题

## （一）机制设计中存在的问题

理论上，价格形成机制可分成市场、计划和混合双轨三种主要类型。其中，市场机制是由市场决定价格，计划机制是由政府决定价格，混合双轨机制是由市场与政府共同决定价格。市场机制虽然在理论上能实现资源的最优化配置，但会出现市场失灵的情况；计划机制对实现经济健康有序发展具有有利作用，但存在政府失灵的可能。因此，混合双轨制是较好的选择。同时，考虑到中国实行的是海域资源国家所有这一公共产权制度①，作为公共资源的海域的价格形成也不应该完全由市场决定。据此，可以说当前这种由市场和政府相结合的海域资源价格形成机制符合中国特色社会主义市场经济的基本特点和要求。

但依据产权的基本理论，这一机制下的一级市场出让方应是海域资源的国家所有者，而由于国家所有者具体代表的缺失，实践中却由政府海域行政主管部门代行，这就导致所有权、管理权相混淆的问题出现。

## （二）机制运行中存在的问题

海域资源价格形成的基础是海域资源的价值。依照前文描述，价格形成机制在市场参与者、政府供应者等力量的议价能力与不同组合条件下最终形成了海域资源的价格水平。在此过程中的海域资源市场化配置情况、海域使用金标准的合理性、价格评估结果、市场竞争参与度与公平性等因素影响了最终的运行效果。目前，这些

---

① 李胜兰：《对我国自然资源产权的法律思考》，2007 年 7 月 7 日，http://www.cnjlc.com/law/4/200707074959.html，最后访问日期：2021 年 6 月 30 日。

方面存在如下问题。

### 1. 一级市场的出让用海类型有限，导致市场化率低

尽管《中华人民共和国海域使用管理法》并未明确限定可以市场化出让的用海类型，但从目前各沿海地区的实际情况来看，基本上都只对经营性用海实施招标、拍卖和挂牌等市场化出让方式。如福建省等地明确规定"国家立项的重大产业项目和国务院审批的用海项目，列入省政府发布的重点项目目录的交通、能源、水利项目，列入省级以上渔港规划的渔港建设项目，传统赶海区、海洋保护区等"均不适合"招拍挂"出让。① 这就使得目前实际中市场化配置的海域只集中于渔业用海等少数几个领域，"招拍挂"出让的比例与行政审批出让的比例相差很大，由市场决定海域资源要素价格的情况较少，进而使得一级市场上大部分海域资源的使用权最终出让价格会远低于市场力量可以达到的水平②，从而影响了机制的运行效果。

### 2. 前期工作难度较大，影响了市场化配置积极性

一方面，由于海域具有一定的特殊性，所以开展海域使用权"招拍挂"出让就意味着要开展价格评估、海域使用论证、海洋环境影响评价等前期工作。目前，这些前期工作主要由政府各级海域行政主管部门负责。开展这些工作需要一定的经费支持，而由于海域使用权"招拍挂"工作的不可预见性，政府海域行政主管部门没有对此的充裕专项经费。但为了做好此项工作，部分地方采用了提前垫支，待"招拍挂"成功获批后，再从海域使用权出让成交价款中扣除的方法，然而这一方法目前尚没有得到中央相关政策的支持。

---

① 纪岩青：《福建规定以"招拍挂"方式出让海域使用权》，2015 年 9 月 21 日，http://www.oceanol.com/guanli/ptsy/yaowen/2015 - 09 - 21/50760.html；广西壮族自治区海洋和渔业厅：《广西海域使用权招标拍卖挂牌出让管理办法》，2018 年 1 月 8 日，http://www.sohu.com/a/216523368_726570。

② 汪磊、黄硕琳：《海域使用权一级市场流转方式比较研究》，《广东农业科学》2010 年第 6 期。

另一方面，对于海域使用论证等前期工作，大多数情况下，政府海域行政主管部门既要委托相关技术单位负责开展，又要对工作成果进行审核，这导致人员的工作强度和压力都较大，同时也客观造成了工作人员"既当裁判员又当运动员"的事实。

上述问题的存在，对海域行政主管部门从事"招拍挂"工作的积极性产生了负面影响。

### 3. 国家海域使用金标准偏低且地区间差异较大

2018年，国家海域使用金标准进行了更新，采用的是将全国范围内的海域进行综合划分，根据不同用海方式以及海域等别，统一制定征收标准。这一标准虽然较2007年颁布的标准有了较大幅度的提高，但是相对于当前的海洋经济社会发展趋势，仍然偏低，这就会导致参照的不合理性，进而影响运行效果。

另外，虽然部分沿海地区已经制定了当地的海域使用金标准，但同等别海域相同用海类型在不同地区之间的标准差距较大。以围海养殖用海为例，海南省是每年每亩200~350元[①]，福建省是每年每亩100元[②]，上海市是每年每亩50元[③]。而各地"招拍挂"出让的填海造地用海所征收的海域使用金浮动范围为毗邻土地基准价格的5%~40%。[④] 这些差距较大的标准虽然有效体现了区域间的差异性，但离公平性这一海域价值的基本特点有较大差距，导致最终形

① 海南省人民政府：《海南省农业填海造地养殖盐业用海海域使用金征收标准和管理规定》，2017年7月17日，http://xxgk.hainan.gov.cn/lgxxgk/hyj/2017 07/t20170717_2371874.htm，最后访问日期：2019年11月28日。
② 福建省人民政府：《福建省海域使用金征收配套管理办法》，2008年4月30日，http://www.fujian.gov.cn/zc/zxwj/szfbgtwj/200804/t20080430_1413463.htm，最后访问日期：2021年7月2日。
③ 上海市财政局：《关于转发财政部、国家海洋局印发〈关于调整海域、无居民海岛使用金征收标准的通知〉》，2018年9月28日，http://www.czj.sh.gov.cn/zys_8908/zcfg_8983/zcfb_8985/gkgl_8991/sfglhfsgl/201809/t20180928_178633.shtml，最后访问日期：2021年7月2日。
④ 杨黎静、何广顺：《我国海域使用权市场化配置改革面临的突出问题与对策》，《经济纵横》2018年第8期。

成价格的科学性有待商榷。

### 4. 海域使用权价格评估程序与实施不科学、行为不恰当

合理、客观、公正的海域使用权评估价格对一级市场"招拍挂"出让和二级市场转让、出租、抵押等流转来说，都是重要的参考依据。因此，海域使用权价格评估工作成为实现市场交易、推动市场发展的客观需要。但目前，相当一部分评估机构或人员只是参照土地等领域的评估标准与准则进行评估，没有使用专门的规范，对海域的特性等考虑不全面甚至根本没有考虑，使得评估结果不合理。

另外，即使使用或依据的是专门的规范，对海域使用权价格评估工作程序中的一些环节采用的技术路线也存在诸多问题。如针对海域资源环境的现场调查，有的评估机构或个人使用的是国家相关标准，有的是使用自定的标准规范或根本没有遵循任何标准规范；在评估方法的选择上，很多评估机构或个人往往只依赖成本逼近法等单一方法。这些问题就使得评估结果的科学性大打折扣。

同时，当前的海域使用权价格评估（特别是一级市场中的评估）基本没有考虑开发使用活动造成的海域资源环境损害等因素，使得评估结果只能反映海域的经济价值，并没有充分反映海域的生态价值。

此外，在利益驱动下，行业中部分中介机构或评估人员的高回扣、私人垄断等行为，极大地扰乱了市场秩序，造成评估结果严重偏离海域的真实价值。

### 5. 市场交易行为不规范

目前海域使用权一级交易市场的监督机制还不完善，加上各地区海域使用权出让的"招拍挂"公告大多数只发布在当地的媒体上，公开化程度远远不能满足市场的需求，这就导致出让过程中政府、市场参与主体之间出现信息不对称问题，直接影响了投资者对海域使用权交易市场的准确判断和参与竞争，形成了不平衡的利益格局，甚至出现个别市场参与主体为了获取不当利益，形成不正当联合体，采取围标、串标、集体压价、垄断等扰乱市场秩序的行

为，影响了海域资源价格形成机制的有效运行。

另外，在二级交易市场上，转让、抵押等行为多以各海域使用者、银行等各方自由约定的方式开展，缺乏相应的监管保障机制，难以保证流转的公正与公平，从而会导致海域资源价格与价值的偏离。

## （三）存在问题的原因剖析

### 1. 国家所有者代表缺位，产权关系混淆

在中国，海域资源是国有资产，但是国家自身不能发挥所有权权能，必须要有一个具体的代表代为行使。可是，在实际的海域资源开发利用中，国家所有者的明确代表长期模糊，一般由政府行政管理部门担任，以管理权代替所有权，导致所有权、管理权相混淆。

### 2. 海域使用权市场化出让、流转的法律制度和具体操作规范不完善

海域使用权市场化出让与流转涉及前期工作、行政审批、海域使用权登记、监督管理等诸多环节。但是，目前相关的法律制度和具体操作规范存在不足、缺位等问题。在法律制度方面，尚未出台相应的规范性文件或规章，无法有效保障海域使用权市场化配置前期管理的规范化、海域使用权交易过程的公开化等；在实施操作方面，尚未形成完善的海域使用权市场化出让方案、流转监管制度、进场规则、工作流程等全方位规范性意见、办法等。如中央政府除针对海砂开采用海出台了市场化指导意见外，尚未出台与其他用海类型相关的意见或办法，使得各地方开展海域使用权市场化出让工作时缺乏制度依据和规范性操作程序；根据海域使用论证相关管理规定，通过招标、拍卖等市场化方式出让海域使用权的，必须委托组织招标、拍卖的单位编制海域使用论证报告；现行的《海域使用权管理规定》仅简单规范了海域资源二级市场的流转方式，缺少实施细则，山东省、浙江省、江苏省等沿海地区虽出台了相关管理文件，但具体内容不一，同时也主要是原则性规定。

　　这就导致了海域使用权"招拍挂"出让、二级市场流转过程中积极性不高、寻租等行为的产生，使得最终形成的价格难以真实反映海域的价值。

### 3. 实际可供市场化出让的海域资源有限，市场化配置实施难度较大

　　只有充分发挥市场在海域资源配置中的作用，才能更好地构建竞争有序的体系，促进海域资源这一要素自主高效流动，从而保障其价格与价值相当，并促进帕累托最优的实现。但目前，一方面，因考虑国家安全与社会稳定、重要生态功能、人民公共利益等因素，对于海洋保护区、国家与地方重大项目、传统渔区、军事等用海，未引入市场进行海域资源配置；另一方面，地方政府基础设施、公共配套工程等用海项目通常由某个组织或管理机构（如管委会）统一规划协调，并以行政审批的方式进行配置，如污水达标排放用海。此外，还有一些用海类型会出现不存在两个或两个以上的意向用海者情况，如电缆管道用海，此时就无法发挥市场的配置作用。上述对公共利益的考量与竞争性市场的不存在情况就使得在一级市场中能够真正用于市场化配置的海域资源数量十分有限，导致机制运行的整体效果较差。

### 4. 海域使用金标准调整机制不完善，制定过程存在不足

　　目前，中国海域使用金的动态调整机制尚不完善，致使标准具体额度难以完全与海洋经济发展形势相协调，不能很好地体现资源使用的等价原则。

　　另外，中国的海域使用金标准在制定过程中虽然考虑了海域生态环境损害的成本①，满足了理论上对海域资源价值构成种类的要求，但仅考虑了气候调节、生物量等有限的几个评估指标，同时基

---

① 目前，中国的海域使用金由两部分构成，第一部分为海域空间资源占用金，体现海域的经济价值；第二部分为海域自然属性改变附加金，通过计算海域开发使用活动产生的生态环境损害，体现海域的生态系统服务价值。

本上只是围绕各指标的使用价值①进行评估，范围也偏小，不能科学反映人类的开发使用活动对海域的生态系统服务价值造成的全部损失。

同时，当前海域使用金中的空间资源占用金部分的确定方法主要为市场法、成本逼近法、收益法等，这些方法的科学实施是以对海域资源市场情况的全面掌握为前提的。但目前中国对海域资源的品质、使用情况等信息的整体掌握并不完全，使得对海域资源的供给稀缺性②等能反映市场情况的关键要素难以准确衡量判断，这势必会影响海域使用金标准的成效。

此外，由于中央政府是按照海域等别及用海类型与方式制定海域使用金标准，在此过程中全国海域只是以县级行政单位为基本单元划分了六个等别，不同区域所包含的特有的社会经济和自然环境等差异无法得到充分体现，因此各沿海地区就需要制定当地的海域使用金标准。对此，中央政府只是原则性地规定地方使用金不低于国家海域使用金标准即可，甚至有些用海类型（如养殖用海）根本就没有国家海域使用金标准可供遵循，这就导致了区域间的标准差异较大这一问题产生。

### 5. 海域使用权价格评估体系不完善

评估海域使用权价格对海域资源价格的形成工作意义重大，但目前中国海域使用权价格评估工作仍然处于摸索阶段，主要存在三方面的问题。

（1）海域使用权价格评估机制缺位

目前，部分省份在实践中通过地方法规、地方标准建立了海域使用权评估制度，如福建省、浙江省以地方法规的形式明确拍卖前

---

① 理论上，包括海域在内的生态系统服务的价值分为使用价值和非使用价值两部分。使用价值主要包括海洋生物等带来的食用等直接价值、气候调节等间接价值，非使用价值主要为遗产价值和存在价值。

② 海域资源的供给稀缺性表现在供给量与需求量的矛盾及不同用途满足的稀缺（如某一海域进行填海造地，就使得原本的养殖行为无法进行）等多方面。

应对拟拍卖出让的海域使用权进行价格评估，山东省除了明确要求对出让的海域使用权要以评估价格为出让拍卖的标底外，还对海域使用权价格评估的适用范围、技术方法、成果要求、机构资质等做出规定。政府海域行政主管部门在海域使用权价格评估方法、管理制度等方面也进行了探索。但就全国而言，尚未建立系统的、统一的海域使用权价格评估管理制度与机制，使得对海域使用权价格评估机构与人员的管理缺乏明确的规范，从根本上导致了海域使用权价格评估中相关问题的产生。

（2）海域使用权价格评估相关技术规范还不健全

2013年11月国家海洋局颁布了《海域评估技术指引》（以下简称《指引》），2020年6月自然资源部发布了最新的《海域价格评估技术规范》（以下简称《规范》）这一行业标准。作为领域内全国性的可供遵循的技术标准，无论是《指引》还是《规范》，都对海域使用权价格的评估方法、原则等做了细致的规定。但是，与《指引》一样，《规范》在评估资料收集、现场调查、方法技术使用等方面仍存在限定不足的问题，导致对评估实际的指导与约束力仍显不足。专业标准的这种缺失难以保证评估程序实施的科学性、规范性。

（3）海域使用权价格评估的第三方专业技术机构及评估技术人员匮乏

目前，具有一定资质的海域使用权价格评估专门机构很少，具备一定水平的专业的海域使用权价格评估人员更少，再加上对从事海域使用权价格评估工作的机构与人员的资质、水平等方面缺乏明确的管理规范，就使得大量只具备资产评估、土地评估等执业资质的机构和人员实际上从事了海域使用权价格评估工作。同时，这些机构和人员有些根本没有任何涉海的专业知识储备，对海域使用权价格评估的相关基本情况不了解，导致其只能参照其他领域的标准进行评估。有些虽然已积累了一定的经验，但并不具有完备的涉海专业知识和实践能力，同时专门机构中的一些人员的水平也不够，就造成了他们即使采用专门的标准规范，也难以科学实施，并且专业标准的不健全更加重了这一情况。另外，由于专业机构与人才的匮乏，相应的海域使用权价格评估市场难以形成，良性的行业竞争和行业自律也就难以保证。[①]

### 6. 海洋生态补偿制度有待健全

2015年9月11日通过的《生态文明体制改革总体方案》提出将生态环境损害纳入自然资源价格形成机制中；同时，到2020年，建立资源生态补偿制度。但直到现在，中国海洋生态补偿制度的建立还有待完善，有些地方还没有建立该类制度，有些地方虽然建立了相应制度，但具体的补偿标准还未完全确立，而已确立的补偿标准大部分还没有全面考虑海洋生态系统服务价值的损失。这就导致在海域使用权价格评估时，难以充分考虑海洋生态环境的损害情况，进而难以保证评估结果的科学性、合理性。

## 四 完善中国海域资源价格形成机制的建议

### （一）明确产权主体，理顺海域资源产权安排

2019年4月，中共中央办公厅、国务院办公厅印发的《关于统筹推进自然资源资产产权制度改革的指导意见》已明确要求国务院授权国务院自然资源主管部门具体代表统一行使全民所有自然资源资产所有者职责。因此，可以明确授权国务院海域行政主管部门作为国家所有者代表，以解决国家所有者代表长期模糊不清的问题，从而明确海域资源国家所有权。据此，建立明确、完善的省市等各级政府代理行使所有权的制度安排，完全理顺海域资源价格形成机制。

### （二）加强政策法规建构，完善海域资源产权交易市场建设

#### 1. 加强相关政策法规建设

一是应制定或修订相关法律法规、制度等，如修订《中华人民

---

① 陈忠禹：《海域资源市场化配置的实践与探索——以福建省为例》，《山西高等学校社会科学学报》2016年第4期。

共和国海域使用管理法》、制定国家级的海域使用权市场化出让管理办法，以规范及完善海域使用权市场化出让的相关制度安排，同时最大限度地减少政府对海域资源配置相关微观经济活动的直接干预（如取消对编制海域使用论证报告进行委托的工作职责，只做好报告的审查管理即可），从而确保海域使用权市场流通的顺畅。二是以《中共中央 国务院关于新时代加快完善社会主义市场经济体制的意见》等提出的不同所有制主体要平等使用资源要素、公开公平公正参与竞争为基本方针，并严格界定公共利益的含义与范围，逐步扩大海域使用权的市场化出让范围，同时按照《关于统筹推进自然资源资产产权制度改革的指导意见》等的要求，进一步提高海域使用权的出让权能，从而更好地发挥市场在海域资源配置中的决定性作用，使海域资源价格主要由市场决定。此外，考虑到投标人不应少于 3 人的限定，要进一步发展拍卖、挂牌等出让手段（特别是挂牌出让手段），以减弱意向用海者较少时对市场化配置的制约。三是发展完善海域收储制度，盘活存量海域资源，为市场化配置提供资源保障。四是科学设计海域使用权二级市场流转的管理程序，明确海域使用权转让、抵押、入股等的范围、条件，规范二级市场流转秩序。

### 2. 构建海域使用权市场交易服务平台

海域使用权市场交易服务平台是规范健全的市场流通体系的重要载体①，其能够实现信息发布的及时准确及交易规则等的统一，进而提升海域资源交易的规范性与效果。虽然目前山东省烟台市、海南省等个别地方已搭建专门的平台，但这些平台的服务范围基本上只限于当地或本省内。这种层级较低、难以实现更大范围的信息共享互通的现实困境，甚至导致有些平台在当地的市场上发挥作用的空间很小。因此，为充分发挥平台的作用、更大范围地提高市场竞争参与度、更好地保障公平性，有必要搭建全国性的交易平台。

---

① 赵梦、岳奇、刘淑芬：《论海域使用权二级市场流转制度的完善》，《海洋开发与管理》2018 年第 5 期。

但是，考虑到建立国家层面专门的海域使用权市场交易服务平台成本过高，短期内难以实现，可以在现有的公共资源交易平台基础上，结合海域资源特点，独立设置海域使用权交易子平台，发布各级各类信息，承担海域资源产权专项交易职能〔依据《自然资源部关于实施海砂采矿权和海域使用权"两权合一"招拍挂出让的通知》（自然资规〔2019〕5号）的要求，海砂开采的海域使用权"招拍挂"出让已在公共资源交易平台进行，同时广西、深圳等地也已进行一定的实际操作〕，与政府海域行政主管部门等清晰划定各自的职责范围并规范治理体系，同时鼓励各子平台与各类金融机构、中介机构等合作，形成涵盖价格评估、流转交易等业务的综合服务体系。

### （三）深化海域有偿使用制度建设，夯实海域资源价格形成基础

#### 1. 加强海域使用金标准制定过程管理与动态调整机制建设

一是构建完善的海域使用金标准动态调整机制，并定期跟踪各地海域使用权价格水平及分布情况，根据社会经济发展状况，实现海域使用金标准动态更新，及时反映市场价格水平。二是通过补充评估指标、选择与完善评估方法等手段，对海域自然属性改变附加金予以充实，确保海域使用金能够合理反映海域价值。特别地，鉴于使用较多的基于偏好的方法（如市场法、条件价值法）与生物物理的方法（如能值分析法）分属于不同的理论框架，因此在进行方法选择时需要确定是否只能在同一理论框架下进行，或是当多种度量单位和价值概念在同一个结果中并存时，如何科学使用这一结果。三是应加强各地海域使用金标准制定工作与结果科学合理性的审核，以解决区域间标准差异较大的问题。

#### 2. 开展调查，摸清海域资源家底

开展海域资源使用现状的调查与评价，全面掌握海域资源的数量、品质等情况。为此，要针对不同的用海类型与用海方式，做好海域资源存量调查工作，同时还要做好海域资源核算工作，全面记

录反映海域资源占有、使用、消耗、恢复等的活动，并对海域资源的变化进行评估评价。

### 3. 构建完善的海域使用权价格评估体系

要完善海域使用权价格评估的资质、准入等管理制度。在进一步放宽准入限制的大背景下，考虑到目前评估行业的具体管理均采用协会制的形式，可以通过加强这一层面的制度建设，如执业行为准则、会员管理、评估报告的规范与检查等，对从业机构与人员进行管理。此外，还可以通过推出市场准入负面清单、建设信用体系、加强评估结果的法律责任设定等手段对机构与人员的行为等进行监督规范。同时，还应提升现有专业人员的能力，加强对专业机构与人员的培育，建立健全行业自律机制。另外，要深入开展海域使用权价格评估的理论研究并据此制定科学、合理、完备的海域使用权价格评估标准规范。

### 4. 完善海洋生态补偿制度体系

建立健全各级海洋生态补偿制度与机制并推进实施，构建完善的补偿评估技术体系，科学确定补偿标准并明确补偿要求。考虑到海域生态系统服务损害价值量的评估结果往往偏高，与现实承受能力有较大差距，可以通过构建相关系数的方式，保证补偿标准的可行性。①

## （四）强化过程监管，确保海域资源价格形成的公正性

### 1. 构建完善的监督机制与体系

在海域使用权"招拍挂"的过程中加强监督，做到公正、公平、公开，使海域使用权出让做到过程透明、有序合法。建议通过加强人大、党委等公权力监督，发挥新闻媒介的舆论监督作用，拓展群众主体的社会监督，构建全方位、多层次、立体化的海域使用权"招拍挂"监督体系，并建立相应的审查制度，实现海域使用权

---

① 郝林华、陈尚、夏涛等：《用海建设项目海洋生态损失补偿评估方法及应用》，《生态学报》2017年第20期。

"招拍挂"的"阳光工程"。参照《中华人民共和国政府信息公开条例》（2019年修订）的要求，应建立完善的海域资源"招拍挂"相关信息的公开制度并良好地实施，以保障公众的知情权，从而确保海域使用权"招拍挂"监督体系的运行效果。同时，还要加强对海域使用权二级市场流转交易的事前、事中和事后的全过程监督管理。

### 2. 做好海域使用权市场化出让的信息发布和披露工作

在现有基础上，建立完善的预公告、公告期限等措施安排。特别是要加大海域使用权"招拍挂"出让前的媒体宣传与推介力度，积极利用新媒体、新媒介等手段提高拟出让海域使用权的信息曝光度并扩大范围，使潜在竞买者能够及时、全面、系统地了解相关信息，并要保障其有充足的时间进行准备，从而提高机制运行效果。

# Analysis on the Price Formation Mechanism of China's Sea Area Resource

*He Yixiong*

*(School of Economics & Management, Zhejiang Ocean University,*
*Zhoushan, Zhejiang, 316022, P. R. China)*

**Abstract:** From the perspective of pricing behavior, the current mechanism of price formation of sea area resource in China has some problems, such as unsuitable representative for owner, low market-oriented rate, irregular trading behavior, low enthusiasm of marketization, low standard of national sea area use fee and insufficient value in evaluation results. Therefore, we need to make clear the owner of state property right, allocate resources equally among users with different attributes, further develop the means of listing, improve the sea area collection and storage system, build a national market transaction service platform, strengthen the management of the process of setting the sea area use fee standard, get a clear picture of resource, improve the price evaluation system of sea area use right and the marine ecological compensation system to ensure the independent and orderly flow of sea area resource and promote the high-quality development of marine economy.

**Keywords:** Sea Area Resource; Sea Area Use Right; Price Formation Mechanism; Sea Area Use Fee; Ecological Value

（责任编辑：孙吉亭）

# 跨界鱼类与洄游性鱼类国内外
# 制度发展与完善

张明君*

摘　要　　本文梳理了中国在保护跨界鱼类与洄游性鱼类中的行动及相关制度建设，包括国际公约、协定以及国际合作机制。中国在远洋渔业发展中积极参与国际合作，担负起保护跨界鱼类与洄游性鱼类的责任。中国与周边国家达成双边渔业协定，在渔业资源开发中保护跨界鱼类与洄游性鱼类。通过立法，中国建立起保护洄游性鱼类及其溯河产卵地的一系列制度，包括总量控制制度与捕捞许可制度、伏季休渔制度、自然保护区制度、过鱼通道建设及修复制度等。在梳理相关制度的同时分析在保护跨界鱼类与洄游性鱼类过程中面临的困境，并提出保护策略或调整建议。

关键词　　洄游性鱼类　捕捞许可制度　总量控制制度　伏季休渔制度　过鱼通道建设

---

\*　张明君（1985～），女，中国海洋大学法学院博士研究生，主要研究领域为环境法。

# 一 跨界鱼类与洄游性鱼类的特征

跨界鱼类是指既可以出现在一个国家管辖水域内，又可以出现在邻接的公海海域的相同鱼类种群的总称。比如北太平洋的狭鳕等，它们的习性是洄游于一国管辖水域和公海之间。[①]

洄游性鱼类是指通过主动、定期、定向、集群等特点水平运动或者周期性运动的鱼类种群的总称。洄游是鱼类运动的一种特殊形式，也是鱼类在生长过程中对外界刺激的一种生理反应。鱼类通过洄游，寻找每一时期所需要的生活水域，比如寻找饵料、产卵、越冬等。[②] 洄游距离可长达几百公里或几千公里，因鱼类的不同而不同。影响鱼类洄游的因素有很多，如水质、水流、盐度、温度、光线等，通常情况下，鱼类会在水流的作用下逆流而游。洄游性鱼类分类方法有很多，按鱼类不同的生理需求，可分为产卵性洄游鱼类、索饵性洄游鱼类和越冬性洄游鱼类；按鱼类生活史的不同阶段，可分为成鱼洄游鱼类和幼鱼洄游鱼类等；而按鱼类所处的不同生态环境，可分为海洋洄游鱼类、溯河性洄游鱼类、降海性洄游鱼类与淡水洄游鱼类 4 种。[③] 为加强对跨界鱼类与洄游性鱼类的保护，1995 年联合国大会通过了专门用于养护和管理这一鱼类种群的协定。

# 二 跨界鱼类与洄游性鱼类现状

跨界鱼类与洄游性鱼类因其本身的特性，在生态系统中发挥着不可或缺的作用。随着环境污染的加剧以及受到气候变化等各种因素的影响，同时又因这一物种本身受到洄游路线的约束，保护跨界鱼类与洄游性鱼类要比保护普通鱼类难度大得多。2020 年 8 月，世

---

① 华敬炘：《渔业法学通论》，中国海洋大学出版社，2017，第 228 页。
② 刘元林主编《水产世界（水产卷）》，山东科学技术出版社，2007，第 17 页。
③ 刘元林主编《水产世界（水产卷）》，山东科学技术出版社，2007，第 18 页。

界鱼类洄游基金会和伦敦动物学会发布了《洄游淡水鱼地球生命力指数》，报告中指出，随着过度捕捞、水力发电、气候变化以及环境污染的加剧，全球淡水洄游鱼类种群比 1970～2016 年下降了76%。[①] 以中华鲟为例，数据显示，2017～2019 年连续 3 年没有发现这一物种的产卵行为，2020 年 1 月关于白鲟灭绝的报道再次表明跨界鱼类与洄游性鱼类的生存状态已处于堪忧的地步。[②] 跨界鱼类与洄游性鱼类不会停留在某一固定海域，对它们而言海域没有地理国界之分，这种生物特征必然要求沿海国加强合作，共同承担保护跨界鱼类和洄游性鱼类的责任。

## 三　保护跨界鱼类与洄游性鱼类的国际公约等制度演变

在 1982 年《联合国海洋法公约》（以下简称《公约》）问世之前，成立世界渔业管理组织的目的是协调各个国家之间开发渔业资源的冲突，而不是养护海洋资源以及渔业资源。随着海洋鱼类的过度捕捞，海洋资源、渔业资源面临衰竭，这一特殊鱼类受到越来越多国际组织的关注。各个国家也纷纷采取措施，致力于管理渔业资源，尤其是对跨界鱼类和洄游性鱼类这一资源的保护。一些区域性国家或国家间的渔业协定等法律制度设计开始形成，如签订南极捕鲸协定、美国和加拿大比目鱼捕鱼协定等，通过签订双方协定规范从事海洋渔业资源开发的行为。1958 年，第一次联合国海洋法会议正式开启了世界海洋渔业资源开发管理的国际法律制度建设，最著名的是四项公约：一是《领海及毗连区公约》，该公约是联合国主持的关于领海及毗连区的首部法律成果；二是《公海公约》，该公约参加的国家有 50 多个；三是《捕鱼及养护公海生物资源公约》，

---

① 刘辰：《全球洄游鱼类面临灭绝危机》，《生态经济》2021 年第 1 期。

② 黄真理、王鲁海：《长江中华鲟（Acipenser sinensis）保护——反思、改革和创新》，《湖泊科学》2020 年第 5 期。

该公约为养护公海生物资源提供了参考；四是《大陆架公约》，该公约为沿海国行使大陆架领域的权利提供了依据。这四项公约的制定为海洋渔业资源法律制度的建立奠定了基础。1982 年通过并于1994 年生效的《公约》规范了各国在不同海域从事海洋活动的权利和义务，其中为了规制相关资源的开发以及与其相关的经济活动，建立了专属经济区制度，这一制度的建立对海洋渔业资源保护的制度建设起到了重要推动作用。事实上，世界上 90% 以上的商业渔场都在专属经济区内①，这就导致在公海进行渔业活动的空间范围变小，势必会加重捕捞压力。其中一大难题是对跨界鱼类与洄游性鱼类的管理，但针对高度洄游鱼类和跨界鱼类的管理，在《公约》中仅有原则性规定，保护跨界鱼类与洄游性鱼类的国际法律制度被迫在实践中发展。

在实践中，保护跨界鱼类与洄游性鱼类主要体现在四个方面：规范公海捕鱼网具、"负责任捕捞"、《执行 1982 年 12 月 10 日〈联合国海洋法公约〉有关养护和管理跨界鱼类种群和高度洄游鱼类种群的规定的协定》（以下简称《协定》）、建立区域渔业组织。②

1989 年，联合国大会为禁止在公海使用大型流网作业，做出决议，规定在各大洋和公海海域，包括闭海和半闭海（很多半闭海所孕育的生物种类具有在不同季节为了繁殖、产卵、越冬而洄游到不同水域的共性），全面禁止大型流网作业，采取有效的保护和管理措施，规范公海捕鱼网具，这在一定程度上使跨界鱼类与洄游性鱼类得到保护。在 1992 年的《坎昆宣言》中，提出"负责任捕捞"，又称"负责任渔业行为守则"，无论是养殖、捕捞、加工还是相关的贸易，该守则适用于所有渔业领域。它的目的在于为沿海国提供参考，使其认清世界渔业的基本状况，并为促进渔业资源的发展提供解决措施。该守则的提出反映了国际社会对海洋渔业资源在认识

---

① 张艾妮：《我国专属经济区的海洋渔业资源养护相关法律问题研究》，湖北人民出版社，2017，第 19 页。

② 林连钱、黄硕琳：《公海渔业制度浅析》，《中国渔业经济》2006 年第 5 期。

层面达成共识，并表达出人类想要实现可持续发展渔业的诉求，也为解决渔业资源存在的问题提供了基本原则，对各个国家在渔业管理方面都产生了深刻的影响。

《公约》规定了捕鱼国在捕捞跨界鱼类和高度洄游鱼类时所需履行的义务，并强调了国际合作的重要性。《公约》中要求沿海国与捕鱼国通过适当的区域或分区域组织达成协议，然而在实践中双方不能达成协议的占比很大，针对这些无法达成协议的沿海国和捕鱼国，《公约》并没有单独加以规定。在1992年联合国环境与发展大会的影响下，国际组织对渔业资源的状况有了更加密切的关注。1995年至今，跨界鱼类资源迅速衰退①，不得不考虑采取措施改变这一现状。多个国家也纷纷提出保护公海渔业的倡议，随即在1995年出台《协定》，这一协定是《公约》的一个重要发展。《协定》的目的在于通过执行其中的规定使跨界鱼类与洄游性鱼类得到合理并持续有效的利用。考虑到跨界鱼类与高度洄游鱼类的年产量，它们在世界鱼类资源总量中的合计占比在10%左右，为规范这一鱼群的管理和养护，《协定》第三部分对跨界鱼类与洄游性鱼类的国际合作机制做了详细的规定。依照《协定》，两个以上（包括两个）国家就可以针对这一鱼群制定合作机制，无论是不是组织成员都有权检查悬挂另一个缔约国国旗的渔船，并且为了防止少数国家垄断公海的渔业资源，规定捕鱼国的决策行动应该公开且透明，这为各国政府谋求合作提供了有利条件。②

进入21世纪，区域渔业资源管理发展迅速，为更好地管理东南大西洋底层鱼类资源，2003年成立了东南大西洋渔业委员会（SEA-FO）；2004年成立中西太平洋渔业委员会（WCPFC）；2006年签订了《南印度洋渔业协定》（SIOFA），用于管理南印度洋底层鱼类；

---

① 李良才：《跨界鱼类资源养护与管理的多边主义困境及中国的政策选择》，《云南师范大学学报》（哲学社会科学版）2011年第5期。

② 许立阳：《国际海洋渔业资源法研究》，中国海洋大学出版社，2008，第133～134页。

2012 年成立了南太平洋区域渔业管理组织（SPRFMO）；2015 年 9
月为管理北太平洋公海除金枪鱼渔业以外的其他渔业，成立了北太
平洋渔业委员会（NPFC）。① 实践表明，对这些特殊群体的保护需
要国际社会统一合作、统一行动。②

## 四 跨界鱼类与洄游性鱼类保护
## 国际公约等制度困境分析

《公约》《协定》等保护跨界鱼类和洄游性鱼类的相关制度颁
布至今，这一物种的保护现状并不乐观，究其原因是跨界鱼类与洄
游性鱼类的养护面临的阻力很大。

一是来自根深蒂固的观念，跨界鱼类不受地域控制，在公海捕
鱼自由的观念已深入人心。这一观念使得各个国家纷纷执着于对该
渔业资源的索取而不是保护。

二是合作机制的缺乏。《公约》中的国际合作机制的规定需要
很长的时间才能达成共识。区域性渔业组织实际发挥的功能大部分
是咨询功能，在具体的管理权限、资金管理等方面的设定上存在局
限；区域养护公约面对非缔约国不遵守公约的行为也无法做出实质
性的约束。

国际合作的落实方向是建立国际海洋渔业管理，强化区域性国
际组织主体地位。建立国际海洋渔业管理关键在于建立和设计执法
机制。综观上述《公约》以及《协定》可以看出，区域性的渔业管
理是跨界鱼类与洄游性鱼类资源管理的主要方式。根据《协定》，
为实现对跨界鱼类以及洄游性鱼类养护的目的，无论是沿海国还是
捕鱼国都应直接通过区域合作，对这一鱼类进行协商管理，尤其是
针对已经捕捞过度的鱼类。

---

① 刘小兵：《国际渔业问题的治理研究》，博士学位论文，上海海洋大学，2015，
第 29 页。
② 郑曙光：《海洋渔业资源的国际保护》，《浙江水产学院学报》1987 年第 2 期。

协商管理离不开专门的协调解决机制。目前尚未形成专门的协调解决机制，从而导致只能通过组织之间的沟通进行协商，这种方式耗时长、效果差，也有通过外交的方式进行协商，但面对渔业养护资源的冲突，渔业管理组织无法保护成员的利益，在渔业法律制度中也没有可以援用的争端解决机制。

# 五　中国远洋渔业跨界鱼类与洄游性鱼类保护制度的进展

中国远洋渔业发展是在 1982 年《公约》签署之后起步的，跨界鱼类和洄游性鱼类是主要的捕捞对象，可以说中国远洋渔业制度的建立主要是围绕跨界鱼类与洄游性鱼类这一种群。中国发展远洋渔业的原则和立场是严格遵守一切国际上的渔业法规，在保护海洋资源、海洋生态环境的同时加强与沿海国以及捕鱼国之间的合作，决不会损害别国利益。

## （一）中国参与的保护跨界鱼类与洄游性鱼类的国际公约

中国通过国内立法规范远洋渔业的发展，先后发布了一系列规范远洋渔业的法律文件。

为落实 1982 年《公约》、1995 年《协定》等保护跨界鱼类与洄游性鱼类的要求，中国积极加入了《中白令海峡鳕资源养护与管理公约》，建立科学技术委员会，通过召开年会的方式探讨议事规则，由年会负责确定区域内狭鳕资源的可捕量、确定国别配额、确立养护和管理措施并制订工作计划等。组建科学技术委员会，缔约方负有合作从事区域内狭鳕资源以及其他海洋生物资源科学研究的义务，并需向科学技术委员会提交关于捕捞产量的统计数据、捕捞作业的时间和区域等的年度报告。中国积极加入《养护大西洋金枪鱼国际公约》《建立印度洋金枪鱼委员会协定》，成为保护金枪鱼组织的成员，并全程参与《中西部太平洋高度洄游鱼类种群养护和管理公约》，该公约的目标是通过建立区域委员会实现对中西部太平洋这一海域跨界鱼类与洄游性鱼类的有效持续利用。《公约》规定了具体的保护原则和措施，并指出无论是为公海订立的措施还是为国家管辖区制定的措施，两者应该互不抵触。区域委员会的建立细化了各个国家在该海域对跨界鱼类与洄游性鱼类的养护职能，既加强了沿海国之间的合作，又促进了沿海国经济的发展。[①] 中国也积极参与各种形式的渔业合作，根据中国远洋渔业发展战略，有选择地加入一些渔业管理组织。

跨界鱼类和洄游性鱼类种群既出现在专属经济区内又出现在专属经济区外的邻接区域，因此单纯依靠捕鱼国或沿海国都无法使其得到较好的养护，只有促成捕鱼国与沿海国之间的积极合作、建立相关的区域组织、实现资源信息共享、不断探索新的管理方式，才能最终实现对这一种群的养护。中国远洋渔业发展主要通过谈判、协商即双方议定的形式进行合作。如1993年12月在美国华盛顿签署的《中华人民共和国政府和美利坚合众国政府关于有效合作和执行一九九一年十二月二十日联合国大会42/215决议的谅解备忘录》中规定了两国政府打击在公海上使用大型流网捕鱼的船舶等方面的合作义务，为公海渔业资源养护以及跨界鱼类与洄游性鱼类的管理提供了经验。

## （二）中国在保护跨界鱼类与洄游性鱼类方面与周边国家的合作

中国大陆的东部和东南部被黄海、东海和南海三个半闭海包围，这三个半闭海所孕育的生物种类具有一个共同特征，即具有在不同季节为了繁殖、产卵、越冬而洄游到不同水域的共性。客观上需要海岸毗邻国之间加强交流与合作，其中建立双边的国际渔业管理组织是最可取的合作方式。国际渔业管理组织也呼吁毗邻国在不涉及第三国权利和义务的前提下，缔结双边渔业管理协定。这在

---

① 何梦：《论南海高度洄游鱼类资源合作保护机制》，《绍兴文理学院学报》（哲学社会科学）2014年第2期。

《公约》第 63、64、67 条中有所体现。① 中国同周边国家建立合作机制，如《中华人民共和国中国渔业协会和日本国日中渔业协会关于黄海、东海渔业的协定》（1955 年）、《中华人民共和国和日本国渔业协定》（1975 年）、《1997 年中日协定》、《中华人民共和国政府和大韩民国政府渔业协定》（2000 年）、《中华人民共和国政府和越南社会主义共和国政府北部湾渔业合作协定》（2000 年）等。

在南海海域同样分布着大量的洄游性鱼类，随着沿海国捕鱼量的增加和环境的恶化，南海渔业资源正逐年减少，南海各沿海国进行合作保护南海洄游性鱼类不仅是经济全球化和区域经济一体化的要求，也是维护中国主权的表现。中国高度重视南海洄游性鱼类资源的合作开发与保护，并提出"搁置争议，共同开发"的主张②，这一主张促进了与南海周边国家的合作。

中国与印度尼西亚在洄游性鱼类保护方面也有密切合作。2001年 4 月，双方签订了促进合作的纲领性文件——《中华人民共和国农业部和印度尼西亚共和国海洋事务与渔业部关于渔业合作的谅解备忘录》（以下简称《备忘录》），其对合作的目标、领域、机制以及争端的解决都有相对翔实的规定。为保证《备忘录》有效实施，在同年 12 月双方又签订了《中华人民共和国农业部与印度尼西亚海洋事务与渔业部就利用印度尼西亚专属经济区部分总可捕量的双边安排》。

中国与马来西亚之间的合作开始于 2004 年，通过召开首届中马渔业商务论坛，开启两国之间在渔业资源方面的合作。2005 年，双方在中—马渔业商务论坛暨马来西亚—广东渔业经贸合作交流会上签订了多项渔业合作谅解备忘录。这些合作模式有助于实现对南海

① 白龙：《"公海捕鱼自由原则"的限制及思考》，《浙江工业大学学报》（社会科学版）2012 年第 2 期。

② 何梦：《论南海高度洄游鱼类资源合作保护机制》，《绍兴文理学院学报》（哲学社会科学）2014 年第 2 期。

领域跨界鱼类与洄游性鱼类的养护。① 应该说，在保护跨界鱼类以及洄游性鱼类方面，中国积极参与并执行《协定》规定，与周边沿海国家建立了密切的合作。

# 六 保护跨界鱼类与洄游性鱼类的中国 渔业相关制度进展

针对洄游性鱼类以及溯河产卵种群，《公约》与《协定》强调鱼源国具有主要利益和责任，沿海国在行使主权，捕捞、养护和管理本国管辖区范围内的跨界鱼类和高度洄游鱼类时，也要考虑这一鱼类种群的可持续利用，适用预防性做法②；捕鱼技术和渔具设计同样要考虑跨界鱼类与高度洄游鱼类的养护，保护鱼类离不开技术的发展、科学研究的进步以及实践中对鱼类捕捞的监督和管制。对此，中国积极开展了保护跨界鱼类与洄游性鱼类的渔业法律制度建设。

## （一）总量控制与捕捞许可制度

中国总量控制制度始于对污染物排放量的管理，国家管理机关通过勘测环境容量，安排可排放污染物的指标。随后，在用水、碳排放、渔业管理等方面也纷纷制定了用水总量控制制度、碳排放总量控制制度、渔业总量管理制度。

《中华人民共和国渔业法》第二十二条规定："国家根据捕捞量低于渔业资源增长量的原则，确定渔业资源的总可捕捞量，实行捕捞限额制度。"这种管理方式已经被多个国家采用，通过总量控制，

---

① 何梦：《论南海高度洄游鱼类资源合作保护机制》，《绍兴文理学院学报》（哲学社会科学）2014 年第 2 期。

② 赵理海：《评联合国公海渔业会议——对〈执行 1982 年 12 月 10 日《联合国海洋法公约》有关养护和管理跨界鱼类种群和高度洄游鱼类种群规定的协定〉的研究》，《海洋开发与管理》1997 年第 4 期。

解决对渔业资源的过度捕捞问题，能有效抑制部分渔业资源的衰退。除此之外，还实行了捕捞许可证制度，这是中国渔业管理的基本制度。这一制度遵循"依法规范、简政放权、强化监管"的原则，首先对捕鱼船只进行管理，将其分级别、分类别并分区进行管控，并将渔船审批的权限下放至省级渔业管理部门。通过总量控制与捕捞许可在一定程度上保障了洄游性鱼类的种群数量与再生产能力。目前中国增殖放流也是重要的环保措施，在增殖放流的过程中，通过人工养殖洄游性鱼类发展渔业经济也能在一定程度上减少野生洄游性鱼类的捕捞量。比如通过金枪鱼人工养殖，增加南海洄游性鱼类资源的数量，保护南海海洋生物多样性。① 中国为防止水生野生动物灭绝，建设了驯养繁殖基地，其中有大鲵、中华鲟和淡水龟鳖类等；为提高繁殖率，成立了专门的技术团队进行技术攻关，在提高繁育率的同时，建立人工放流制度，双管齐下。人工放流制度在水生野生动物保护方面发挥着重要作用，这一制度目前已经相对成熟，使人们能系统地掌握规划的制定、技术规范的设定以及放流之后野生动物的行踪。

预防渔业资源被破坏是保护渔业资源重要的环节之一。在捕鱼之初，对渔民使用的渔具进行具体规定，使其捕鱼方式也有标准遵循，有助于实现对水生野生动物的保护。《中华人民共和国渔业法》献宝明确规定了不允许捕捞鱼类种群的方法，并从捕捞工具的制作，网眼大小，渔具的出售、购买等各个环节进行了明确规定，在作业之前需要报告主管部门。

## （二）伏季休渔制度

伏季是鱼类最佳的繁殖时期，在鱼类繁殖旺盛的时间段，通过控制人类捕捞的行为，为鱼类的产卵、生长提供时间，促进幼鱼的成长。这一举措对预防渔业资源的衰竭起到了至关重要的作用。

---

① 何梦：《论南海高度洄游鱼类资源合作保护机制》，《绍兴文理学院学报》（哲学社会科学）2014年第2期。

早在 1980 年，国家水产总局总结新中国成立后国家水产资源的现状，发布《关于集体拖网渔船伏季休渔和联合检查国营渔轮幼鱼比例的通知》，中国开始建立休渔制度。进入 20 世纪 90 年代，开始全面实行伏季休渔制度，2003 年开始实行长江流域禁渔期制度。2018 年 2 月，农业部发布《关于实行黄河禁渔期制度的通告》，正式决定每年 4 月 1 日 12 时至 6 月 30 日 12 时为黄河禁渔期。①《中华人民共和国渔业法》规定禁止在禁渔区、禁渔期进行捕捞，这意味着中国对洄游性鱼类及其溯河产卵场地的严格保护。

伏季休渔制度的实施在一定程度上为鱼类的繁衍提供了时机，但鱼类产卵的具体时间不尽相同，这种制度的安排并不能囊括全部的鱼类。另外，经过禁渔期的禁锢，休渔期结束后的鱼类捕捞量大幅度增加。根据全国海洋捕捞信息动态采集网络监测数据结果，休渔期结束后急剧上升的捕捞量使得伏季休渔制度的积极效果消失殆尽。

2019 年 12 月 27 日，农业农村部宣布长江十年禁渔计划从 2020 年 1 月 1 日开始实施。对于濒临灭绝的中华鲟等洄游性鱼类，禁捕无疑是及时的举动。当然，禁渔计划的实行效果到底如何还需要各部门的监测并为公众提供可信的报告。值得注意的是，禁止捕鱼只是保护鱼类生存繁衍的第一步，还需要考虑如何监管禁渔计划的实施、渔政执法过程中的拦截和取证等。

### （三）生物多样性保护与自然保护区制度

动物、植物、微生物在一个共同的环境下集合，这个相处的过程会发生各种生态反应，这些不同的生态反应结合到一起构成了生态变化过程。生物多样性是生态系统实现平衡的保障，是经济社会可持续发展的基础，是生态安全和粮食安全的保障。《中华人民共和国野生动物保护法》明确了生物多样性保护，要求保护野生动物，拯救珍贵、濒危野生动物，维护生物多样性和生态平衡。这些

① 王丰：《黄河渔业生态环境保护现状及建议》，《中国水产》2020 年第 1 期。

规定同样适用于包括洄游性鱼类在内的海洋野生动物保护。

2006年2月，国务院发布《中国水生生物资源养护行动纲要》（以下简称《纲要》），为中国水产资源的养护提供了指导思想、基本原则、保障措施等。《纲要》分析了中国水域环境的现状，在充分调查中国水生生物资源物种的基础上，提出建立自然保护区体系。

比如通过建立水生野生动植物自然保护区，实现对白鳍豚、中华鲟等洄游性鱼类的保护。禁止捕杀、伤害国家重点保护的水生野生动物。各省级管理部门最大限度地获取政府的财政支持，为自然保护区实现良性循环提供保障。

跨界鱼类与洄游性鱼类因为自身的差异性，具有不同的密集区。如在南海区，金枪鱼是洄游性鱼类，黄鳍金枪鱼在西沙南部、西沙西北部和中沙西北部有三个密集区，鱼类密集区基本上也是它们的繁殖区。① 在东海区，中华鲟属于海河洄游性大型鱼类，是国家一级重点保护野生动物，为保护这一物种，中国一共建立了3个中华鲟自然保护区。上海市长江口中华鲟自然保护区地处长江入海口，是中国鱼类生物多样性最丰富、渔业产量潜力最大的河口区域。建立自然保护区主要是为了保护中华鲟栖息的环境，上海市人民政府于2005年颁布了与其相适应的《上海市长江口中华鲟自然保护区管理办法》，自然保护区的建立极大地提高了中华鲟的繁衍率以及幼崽的成活率，是保护水生野生动物的范例，在社会上也有深刻的影响力。东台中华鲟自然保护区是江苏省省级保护区，中华鲟一到春季、夏季就游集在这块水域，栖息育肥。保护区设有中华鲟繁育研究中心，从2002年开始，逐年实行了放流。

长江湖北宜昌中华鲟省级自然保护区是典型的河流生态系统，位于宜昌市的葛洲坝下至芦家河浅滩，其中虎牙滩两岸陡峭，江面狭窄，水流湍急，这种自然环境为中华鲟上溯繁衍栖息提供了理想

---

① 何梦：《论南海高度洄游鱼类资源合作保护机制》，《绍兴文理学院学报》（哲学社会科学）2014年第2期。

生境。水流湍急致使滩口南岸在冲刷的作用下会形成大面积砂砾石浅滩缓冲区，但由于葛洲坝的建设，水流被截断，中华鲟无法洄游到长江上游和金沙江下游，被迫在葛洲坝下产卵。① 建立长江湖北宜昌中华鲟省级自然保护区使中华鲟洄游繁殖栖息地的环境得到了有效的保护和改善。自然保护区的建设在保护跨界鱼类与洄游性鱼类方面切实发挥了积极作用。

## （四）洄游通道建设与保护

过去 100 年，人类对世界上的河流造成了重大影响。为实现各种用途，修建大坝、围堰和水闸以对河流进行管制，所有这些行为都对河流乃至河流中的生物产生了严重影响，致使许多鱼类的栖息地已经消失，或其洄游通道被修建的大坝和围堰隔断。因此，中华鲟等具有象征意义的洄游性鱼类越来越难找到自己的产卵场所，许多其他鱼类的洄游通道也受到干扰。如黄河流域水电站阻隔了洄游性鱼类的上溯洄游通道，导致洄游性鱼类减少或绝迹，1982 年调查还存在的鳗鲡、北方铜鱼已多年未被发现。② 在洄游通道法律制度建设上，《中华人民共和国渔业法》第三十二条规定："在鱼、虾、蟹洄游通道建闸、筑坝，对渔业资源有严重影响的，建设单位应当建造过鱼设施或者采取其他补救措施。"在水生生物洄游通道、通航或者竹木流放的河流上修建永久性拦河闸坝，建设单位有义务修建过鱼设施或者过船等设施。③ 根据鱼类洄游，过鱼设施、珍稀特有鱼类增殖放流、生态调度已经在中国新建和已建的水电工程得到实施。④ 如对仪征水道航道整治丁坝群工程的研究，仪征水道是长

① 蔡露、张鹏等：《我国过鱼设施建设需求、成果及存在的问题》，《生态学杂志》2020 年第 1 期。
② 王丰：《黄河渔业生态环境保护现状及建议》，《中国水产》2020 年第 1 期。
③ 蔡露、张鹏等：《我国过鱼设施建设需求、成果及存在的问题》，《生态学杂志》2020 年第 1 期。
④ 陈凯麒、葛怀凤等：《我国过鱼设施现状分析及鱼道适宜性管理的关键问题》，《水生态学杂志》2013 年第 4 期。

江中下游主要鱼类的重要栖息场所和诸多鱼类洄游的过路通道。河道鱼类索饵场的分布与河道水流条件有较大关联，在整治丁坝群工程设计上充分考虑洄游性鱼类亲鱼的洄游能力，在河道断面上并未形成物理阻隔，对亲鱼的上溯洄游影响较小。①

建设洄游通道离不开对洄游性鱼类洄游习性的监测和研究，应了解这类鱼群繁衍的要求，开展增殖放流，并加强对这一物种栖息地的保护。不同生境被破坏的方式不同，比如大樟溪的水域环境受到破坏是因为大量水电站的开发，水电站的建设导致洄游性鱼类洄游通道不畅，要解决这一问题可以通过修建仿生态旁道作为过鱼设施。② 在对海洋洄游性鱼类生活史重建、群体识别、产卵场判定等进行监测研究方面，中国有学者研究了耳石元素"指纹"分析技术，综合海洋鱼类洄游分布、水体生境背景与耳石微化学"指纹"等信息，重建海洋鱼类运动轨迹。③ 通过掌握水生动物洄游分布规律及其与水域环境之间的关系，制定有效的保护和管理策略。标记技术监测、物种分布模型预测、生物体组织微量元素与稳定同位素分析推测是此类研究的主要方法，已被广泛应用于水生动物洄游分布的研究，这些技术同样可以为水生生物保护区的建立提供理论参考。④ 实现保护鱼类的目的同样离不开栖息地修复、生态调度等生态修复措施的实施。⑤ 2018 年 3 月，长江委编制印发了《长江流域水生态环境保护与修复行动方案》《长江流域水生态环境保护与修

① 常留红、徐斌等：《深水航道整治丁坝群对鱼类生境的影响》，《水利学报》2019 年第 9 期。

② 刘锦燊：《从生态学角度谈莒口拦河闸过鱼设施的设计》，《海峡科学》2019 年第 5 期。

③ 熊瑛、刘洪波等：《耳石微化学在海洋鱼类洄游类型和种群识别研究中的应用》，《生命科学》2015 年第 7 期。

④ 马金、田思泉、陈新军：《水生动物洄游分布研究方法综述》，《水产学报》2019 年第 7 期。

⑤ 蔡露、张鹏等：《我国过鱼设施建设需求、成果及存在的问题》，《生态学杂志》2020 年第 1 期。

复三年行动计划（2018—2020 年）》。2019 年，生态环境部、国家发改委联合印发《长江保护修复攻坚战行动计划》，围绕长江流域生物多样性保护的重点和任务，统一开展增殖放流、生态调度、河流连通性恢复、科学研究等工作。

中国生态补偿机制的原则是谁开发谁保护、谁受益谁补偿，这一原则在保护跨界鱼类与洄游性鱼类方面同样适用。开发者应依法缴纳资源增殖保护费用，专项用于水生生物资源养护工作；造成损害的，应进行赔偿或补偿，并采取必要的修复措施。想要对河流进行开发利用的，应该依照法律规定在使用之前缴纳对环境造成破坏的费用，这笔费用专门用于跨界鱼类与洄游性鱼类洄游通道的恢复上，或者自行采取措施对其造成的破坏进行修复[1]，跨界鱼类与洄游性鱼类鱼体调控机制个体差异明显，今后还应针对物种自身特性应用高通量测序技术开展深入研究，为更好实现水生生物资源修复奠定理论基础。[2]

## 七　中国在保护跨界鱼类与洄游性鱼类方面可采取的措施

中国在保护跨界鱼类与洄游性鱼类方面做出了积极的贡献，也为其他国家树立了良好的典范。在未来，要想在保护跨界鱼类与洄游性鱼类方面做出更突出的贡献，可以从以下方面入手。

首先，在理论层面，将生态保护理念植入水坝建设使用中，创新跨界鱼类和洄游性鱼类保护理论。综合考虑幼鱼放流过程动力学机制及其死亡率影响因素，针对目前梯级水坝的建立，研究水坝对洄游性鱼类的游动、遗传基因的影响。水坝的修建在一定程度上的

---

① 胡望斌、韩德举等：《鱼类洄游通道恢复——国外的经验及中国的对策》，《长江流域资源与环境》2008 年第 6 期。

② 王美垚、冯群：《高通量测序技术在主要洄游性鱼类研究中的应用》，《安徽农业科学》2020 年第 2 期。

确对跨界鱼类以及洄游性鱼类的生活环境产生了影响，关键在于水电工程的企业方作为责任主体，如何在水坝建立运行之初将保护洄游性鱼类的生存环境作为企业的理念之一。保护水坝周边洄游性鱼类的生态环境并不是企业的"包袱"，从长远来看，生态系统的维护将成为促进水电工程发展的关键因素。

其次，在实践层面，一方面研究可行的工程措施及非工程措施，另一方面建立分级监督机制。直面修筑的大坝会对这一类物种造成影响的现实，在此基础上研究各种可能的工程措施或非工程措施，包括梯级水库综合调度和局部生态修复工程措施等。分级监督机制能有效确保保护跨界鱼类与洄游性鱼类的责任落实。保护跨界鱼类与洄游性鱼类不仅是政府的责任，还是各方参与主体的责任，其责任的承担离不开分级监督机制的建立。

# Development and Improvement of Domestic and Foreign Systems for Straddling Fish and Migratory Fish Stocks

*Zhang Mingjun*

(*Law School, Ocean University of China, Qingdao, Shandong*, 266100, *P. R. China*)

**Abstract:** This paper reviews China's actions in the protection of straddling fish and migratory fish stocks and the relevant system construction, including international conventions, agreements and international cooperation mechanisms. China has actively participated in international cooperation in the development of distant-water fisheries, shouldering the responsibility of protecting straddling fish and migratory fish stocks. China has concluded bilateral fishery agreements with neighboring countries to protect straddling fish stocks and migratory fish stocks in the exploitation of fishery resources. Through domestic legislation, a series of systems for the protection of migratory fish and their anadromous spawning sites have been established, including the total volume control system and fishing permit system, the fishing moratorium system in summer, the nature reserve system, the construction and restoration system of fish passage, etc. At the same time, the paper analyzed the dilemmas in the process of protecting straddling fish and migratory fish, and put forward the protection strategies or adjustment suggestions.

**Keywords:** Migratory Fish; Fishing Permit System; Total Quantity Control System; Summer Fishing Moratorium System; Construction of Fish Passage

（责任编辑：孙吉亭）

# 金融危机以来韩国造船业转型
# 升级的经验与启示[*]

纪建悦　李雨彤[**]

摘　要　20世纪70年代以来，韩国造船业快速发展，在90年代取代日本成为世界第一造船大国。但金融危机后，全球造船市场动荡不安、发展缓慢，作为世界公认的造船大国和造船强国，在世界经济形势以及中国造船业快速崛起的双重影响下，韩国造船业受到的影响颇大，为此，韩国政府及船企积极探索船舶产业转型升级的一系列措施。本文对韩国造船业金融危机后面临的挑战展开了研究，通过对韩国政府和船企应对危机、实现造船业转型升级路径的分析，总结并梳理出可供中国造船业借鉴的经验和启示，希望为中国造船业转型升级提供支持。

关键词　韩国造船业　金融危机　大型货轮　船舶订单

---

\* 本文为国家社会科学基金重大研究专项"中美贸易摩擦背景下我国海洋产业转型升级的路径设计"（项目编号：19VHQ007）阶段性研究成果。
\*\* 纪建悦（1974～），男，博士，中国海洋大学经济学院教授，中国海洋大学海洋发展研究院研究员，博士研究生导师，主要研究领域为国民经济、海洋经济；李雨彤（1997～），女，通讯作者，中国海洋大学经济学院硕士研究生，主要研究领域为国民经济。

造船业在各个国家的工业化进程中都起着十分重要的作用，尤其在发达国家中得到高度认可，并将其视为一个支柱产业进行重点发展，其中，韩国是世界公认的造船大国和造船强国。1973 年由现代重工建造了韩国第一艘大型货轮，这是韩国现代造船业的开端；到 20 世纪 80 年代，韩国部分造船企业开始向国际市场进军并迅速扩张，通过生产效率的提高、造船技术的持续改进以及造船队伍的持续高质量壮大，韩国逐渐确定了世界第二造船大国的地位；经过 20 年的快速发展，1993 年韩国新接订单量首次跃居世界首位，在国际市场上的份额超过了 30%；2003 年，韩国船舶订单数量和在建船舶总量均超过日本，成功成为世界第一造船大国；如今，韩国建造的油船、海上浮式生产储油船（FPSO）、液化天然气船（LNG 船）、高速船、集装箱船、超大型船以及豪华客船等仍处于世界领先位置。但近年来，韩国造船业内忧外患。在国际金融危机和中国造船业的迅速崛起的双重影响下，韩国造船业受到极大的挑战，曾被视为韩国国民经济增长和稳定就业的支柱性产业——造船业现阶段正处于难熬时期[1]，为积极应对挑战，韩国政府和船企积极寻求造船业转型升级的一系列措施。

# 一 金融危机以来韩国造船业发展面临的挑战

## （一）世界经济放缓背景下造船业需求大幅下降

国际金融危机以来，全球经济形势比较严峻，国家之间贸易冲突增多，国际贸易活动数量减少、规模减小，严重打击了全球经济发展的信心，而世界经济的运行状态直接影响着造船业的运行和发展。在这种背景下，全球造船市场整体趋于下行，韩国作为造船强国不可避免地受到世界经济放缓所带来的不利影响，造船业遭受重

---

① 李星、万鹏举、屠佳樱：《韩国造船产业发展战略》，《中国船舶报》2018 年 6 月 22 日，第 3 版。

创，船企接单量大减，连年亏损，面临着不同程度的经营困难和压力。

## 1. 船舶需求量锐减，船价下跌

2008 年国际金融危机后，世界经济形势陷入低迷，国际贸易活跃度远不如从前，作为国际贸易运输的中介产业——船舶运输业也受到相当程度的影响，航运市场运力过剩的同时盈利水平严重下滑，复苏十分缓慢，而航运市场的形势直接影响到航运企业的订船需求，从而导致世界市场对船舶的需求量大幅缩水①，令船舶运输业和造船业提前步入寒冬。受到全球经济增长乏力的直接冲击后，韩国造船业陷入严重的低订单潮，完工船舶交付困难，全行业订单持续减少，除少数大型船企接单量勉强可以维持船企运营外，绝大多数中小船企接单寥寥无几。如图 1 所示，较 2008 年，2009 年全球船舶订单量明显减少，创历史最低，同比减少约 90%；与此同时，韩国新接船舶订单量也锐减 81%，2009 年仅 121 万载重吨，而出现这一情况最主要的原因就是全球新造船需求下降。虽然近几年随着经济的复苏，船舶订单有所增加，但和 2008 年之前的鼎盛时期相比，仍有不小的差距。

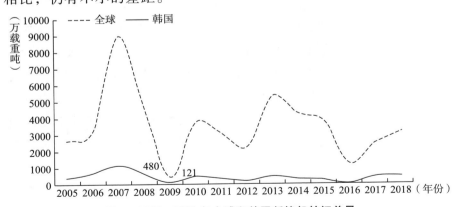

**图 1   2005~2018 年全球和韩国新接船舶订单量**

资料来源：2005~2018 年《中国船舶工业统计年鉴》。

---

①   王太顺：《世界经济低迷中的中国造船业》，《科技资讯》2013 年第 23 期。

在新船需求量不断减少的同时，新船价格也呈现下跌趋势。随着船舶订单的减少，部分船企只能通过降低船价来争取少量的订单以维持企业的运营。以韩国主流船型 LNG 船和超大型油船（VLCC）为例，两者在 2008 年新船成交价格达到最高值，在 2009 年均出现大幅下跌，自 2009 年后新船价格一路下滑，虽然在部分年份出现回升，但作用微乎其微，整体上看仍呈现下降趋势（见图 2）。

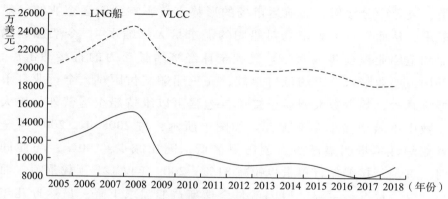

**图 2　2005～2018 年 LNG 船和 VLCC 新船成交价格**

资料来源：2005～2018 年《中国船舶工业统计年鉴》。

### 2. 船企出现巨额亏损，遭遇撤单潮

由于新接船舶订单的减少，不少船企处于停产的边缘，即使是仍在生产的大型企业也大都面临着资金紧缺的情况。国际金融危机后，船舶运输业的不景气使多数航运企业面临亏损，信用全面缩水，船东筹集资金的难度加大，对于已经签订的船舶订单难以支付尾款；新船价格的下跌使订单预付款也大幅下降，拖延船舶订单交付、撤销现有订单以及在建船舶遭船东弃船等现象频发，企业不得不面对撤单带来的损失，使企业亏损进一步扩大。

国际金融危机以来，韩国船企遭遇撤单的现象十分常见，数量多、范围广，撤单所带来的在建船舶沉没成本的损失和预付款的退还对船企的影响也十分严重。总体来看，只有韩国现代重工近年来通过升级船型、提升造船技术和延迟交船等措施降低了船东撤单所

带来的部分损失①，逐渐实现了扭亏为盈；而大宇造船海洋和三星重工仍处于利润亏损时期，主要的原因就是多艘在建船舶产品遭遇撤单。2015 年 Pacific Drilling 就曾撤销三星重工 1 艘钻井船订单，2019 年挪威 Seadrill 公司更是撤销了 2 艘钻井船订单，这 3 艘钻井船总价值约 15 亿美元，而三星重工仅收到约 5 亿美元的预付款，并且 Pacific Drilling 更是要求三星重工退还预付款②，这使得 2019 年三星重工的亏损较 2018 年增加 50%。大宇造船海洋同样受到撤单的影响，2015 年美国船东在即将交付前撤销了与大宇造船海洋签订的价值 6 亿美元的钻井船合同，并且没有向大宇造船海洋支付中间款和尾款；2013 年承接挪威 Bressay 项目的一个价值 14 亿美元的固定石油生产平台订单于 2016 年遭遇撤单；2019 年挪威 Northern Drilling 公司决定终止收购大宇造船海洋 1 艘钻井船的订单，该船价值约 3.5 亿美元，同时该公司还要求大宇造船海洋退还预先支付的 4620 万美元，这使得 2019 年大宇造船海洋的利润较 2018 年减少了 80%。

## （二）中国造船业崛起给韩国造船业的市场地位带来挑战

总体上看，韩国在世界造船市场中仍处于领先地位，但随着近几年中国造船业的飞速崛起，中国船企甚至可以在某些领域短时间内压制住韩国船企。较韩国造船业来说，中国廉价劳动力众多，可以以更低的价格出售船舶；并且中国造船三大指标已经连续多年居于世界首位，三大主流船型即油船、集装箱船和散货船的制造水平已经走在世界前列，成为韩国造船业最强劲的竞争对手之一。在这种情况下，韩国船企在世界市场中的竞争力远不如从前，短时间内如果不积极应对，很可能会被中国船企赶超。

---

① 张长涛：《韩国造船业的危机应对》，《中国船检》2009 年第 3 期。
② 《损失 10 多亿美元！韩国两大船企遭钻井船撤单打击》，《船舶与配套》2019 年第 11 期。

## 1. 世界市场占有率下降明显

中国造船业起步与韩国相比较晚，但是近年来受国民经济重视的程度逐渐提高，金融危机以来造船三大指标（造船完工量、新接订单量和手持订单量）均出现不同程度的提升，在此背景下，市场占有率不断提高。与之对应的是，金融危机后的韩国船企面临着巨大的亏损，不得不取消大量船舶订单。2009年，韩国新接订单量1580万载重吨（世界市场占有率为38.4%），被新接订单量2190万载重吨（世界市场占有率为53.2%）的中国超过；同时，中国手持订单量达到19980万载重吨（世界市场占有率为38.6%），而韩国为17290万载重吨（世界市场占有率为33.4%），这也是历年来韩国新接订单量和手持订单量首次同时被中国超越。[①] 2010年，中国包括造船完工量在内的造船三大指标首次均超过韩国跃居世界首位，这也意味着位列世界造船第一大国的韩国已经被中国超越；2010年至今，中国与韩国两国每年都在为造船业世界第一的地位展开激烈的角逐，韩国一骑绝尘的鼎盛时期已经不复存在。

## 2. 高端市场份额被抢

VLCC和高端集装箱长期以来都是韩国传统的优势船型，韩国造船业曾经占据了全球VLCC市场的半壁江山，但是随着中国造船业向高端船型市场不断进军，曾被韩国垄断的VLCC市场和超大型集装箱市场开始涌现出不少中国船企的身影。[②] 2020年，全球超大型原油运输船新签订单12艘，韩国船企获得全球订单的一半，其中现代重工、大宇造船海洋以及三星重工分别斩获2艘新船订单，虽然韩国船企获得全球总订单量一半的数量并不算少，但总订单量与2019年相比，仅为同期水平的一半；目前世界前五大VLCC船东共拥有227艘VLCC，其中韩国拥有98艘，而中国比韩国还多12艘。

① 王洪增：《金融危机背景下中国造船业国际竞争力研究》，硕士学位论文，中国海洋大学，2010，第20页。
② 蔡敬伟：《VLCC市场上演日中韩"三国演义"》，《船舶物资与市场》2017年第4期。

与此同时，韩国船企为了防止世界 VLCC 市场更多的份额被抢，不得不采取低价接单的策略，这就进一步加重了韩国船企的负担。①在高端集装箱方面，2019 年在全球新接集装箱船订单中，韩国以 38 艘、57.3% 的份额居世界首位，同时中国以 36 艘、34.6% 的份额居世界第二位，中国逐渐展露出后来居上的势头，这也意味着在集装箱船领域韩国不再是一家独大。

### （三）要素瓶颈制约韩国造船业发展

曾作为韩国最"吃香"行业之一的造船业近些年接连遭遇"滑铁卢"，船舶订单的减少意味着就业岗位的缺失，经历了严重的裁员和失业潮后，人们丧失了对造船业的信心。据韩国船企预测，在未来几年，造船业可能会减少约 10% 的造船工人，其中不乏核心人才；同时劳动力成本的不断上升、汇率和利率的变化导致造船成本不断上升，更是阻碍了韩国造船业转型升级的步伐。

#### 1. 造船人才流失严重

21 世纪以来，造船业成为韩国的支柱性产业，韩国造船业就业率曾高达 90% 以上，工资待遇丰厚。但是随着近几年韩国造船业的黯淡，韩国面临着劳动力不足的问题，主要体现在招工难、留人难等方面。一方面，韩国青年人才面对造船业艰难的就业环境，纷纷选择远离造船业，高校内与船舶和海洋工程相关的专业从原来的"铁饭碗、香饽饽"变成现在的冷门专业；更严重的是这种行为或许会形成一种恶性循环，造成韩国造船业人才青黄不接，从根本上逐步减弱韩国造船业的竞争力。②另一方面，在船企连年遭遇巨额亏损的同时，韩国船企薪酬却在过去十年内增长了近一倍，韩国三大船企劳动力成本高达其销售份额的 11.2%。面对巨额的劳动力成本和企业的亏损，多数船企不堪重负，一时间裁员成为韩国船企的

---

① 钟云：《中日夹击，韩国造船业即将沉没？》，《珠江水运》2016 年第 3 期。
② 凌霜：《"后继无人"，韩国造船业要"凉"？》，《中国船舶报》2018 年 11 月 16 日，第 3 版。

"主旋律"，这就进一步加剧了韩国高端人才对造船业的远离。

### 2. 造船成本增加，船企丧失价格优势

由于船企利润下降、接单疲乏，许多船厂不得不采取低价格战略，在做到报价最低的同时使利润空间较大，关键就在于从根本上降低造船成本，但是现阶段造船成本的上升使韩国船企报价优势丧失。其中以主要要素钢板材料价格上升为代表的造船成本的上涨成为韩国造船业不振的又一沉重打击。[①] 近年来，韩国钢铁业为提升经济效益，尝试通过提高向国内造船业提供的原材料价格来实现这一目的，却遭到韩国船企的一致反对。[②] 韩国的几家主要造船企业和钢铁供应商就钢铁的价格问题已经进行了多轮谈判，但结果似乎不太乐观，双方之间仍然存在较大意见差异。作为建造船舶的主要材料，厚钢板的价值约占造船成本的 20%。在船企盈利疲乏的阶段，厚钢板价格的上涨对韩国造船业来说更是雪上加霜。

## （四）环境规制对造船业提出新的要求

各国力求加快制造业的发展，而与之对应的是给大气、海洋以及生态环境带来了巨大的破坏。据统计，海洋运输业每年向空中排放的二氧化碳超过 12 亿吨[③]，每年全球 5% 左右的 $SO_x$ 和 15% 左右的 $NO_x$ 都由船舶排放[④]，同时还有大量的粉尘和颗粒物，环境问题日益突出，环保问题逐渐受到人们的关注。

2009 年的外交大会上就曾出台《国际安全与环境无害化拆船公约》。近年来，国际海事组织（IMO）也相继推出船舶能效设计指数（EEDI）、基于目标的船舶建造标准（GBS）、压载水管理公约

---

① 聂倩倩：《钢价猛涨造船行业"雪上加霜"》，《中国城乡金融报》2017 年 1 月 6 日，第 A7 版。

② 王楚：《韩国造船业与钢铁业的"爱恨之约"》，《中国船检》2020 年第 8 期。

③ 杨雪、杨瑾、黄玲：《"智能、低碳、协同"为水运发展注入强劲动力》，《中国水运报》2019 年 12 月 6 日，第 5 版。

④ 孔清、季向赟、陈一忱、韩志涛、潘新祥：《船舶尾气后处理实用技术与发展趋势》，《中国航海》2015 年第 1 期。

（BWM）等，对 $SO_x$ 和 $NO_x$ 等的排放标准提出更高的要求。[①] 权威性组织相继出台多项法律法规，对船舶效率、尾气排放和绿色化进程等进行了约束规范。现阶段，谁率先掌握绿色船舶的核心技术，谁就能率先抢占市场份额、抢占商机，并获得更大的盈利空间。所以如何在设计—建造—签单—拆船各个环节始终贯穿绿色船舶的概念，如何在控制成本和保障船舶性能安全的前提下对船型进行升级以实现低排放、低能耗，如何把功能要求和环保理念有机结合在一起，如何使船舶的设计、建造、销售到拆船的整个产业链对环境产生的负面影响最小，是当前韩国政府和船企需要重点突破的难题。

## 二 韩国造船业转型升级的主要做法

### （一）注重新技术、新船型的研发

国际贸易活跃度的降低和船舶订单的减少，使得传统船型已经很难再有市场，老旧船面临着拆船或重建的选择。在这种情况下，造船技术的重要性越发凸显，船企必须在新船型上下功夫，使船舶朝着智能化方向发展；同时面对全球绿色标准的提高，船舶也逐渐朝着绿色化的方向发展。韩国船企长期以来对智能船舶和绿色船型的研发力度就比较大，一方面对现有的船型进行改进，另一方面不断开发设计更具竞争力的智能船舶和绿色船型。

韩国造船业十分重视智能船舶的研发和应用，努力使人工智能、5G 等先进技术运用到船舶中以推进船舶智能化，克服目前经济衰退带来的影响。韩国"智能船舶 1.0"计划于 2010 年开始实行，短短两年之后现代重工就开始实行"智能船舶 2.0"计划，该计划以"经济、安全、高效航行服务"为核心，与 1.0 相比更加升级创新。2017 年，现代重工和 SK Shipping、英特尔以及微软签订合作协

---

[①] 赵金楼、戈钢、李根、黄辉、李博：《基于全生命周期的绿色船舶评价研究》，《生态经济》2013 年第 6 期。

议，计划共同研发新型智能船舶。① 此外，为加快 5G 在船舶中的研发和应用，韩国船企与主要的信息运营商 KT 公司进行合作，加快 5G 智能船厂的建设。

同时，为了适应环保意识升级背景下造船业的发展，韩国船企也在谋求造船业发展和环境优化之间的双赢。韩国的一些先进船企很早就开始了绿色船舶的研发工作，将绿色船舶作为未来造船业进一步发展的突破口，世界上第一个绿色船舶技术检验和认证中心就是由韩国船级社建立的。目前韩国船企在船舶压载水处理系统装置中的市场份额能占到 50%②；大宇造船海洋通过对 VLCC 船体曲线形状的改进降低了船舶约 5% 的油耗；同时，韩国政府通过引入民间资本，计划创建约 9 亿美元规模的 LNG 动力船市场，对私人船企改造 LNG 动力船给予一定程度的财政补贴并对船用环保装置的生产和应用予以支持③。

## （二）全力布局海外市场

韩国撤单潮的出现使韩国海外市场竞争力不断降低，因此韩国政府和船企不断推进海外市场业务升级，重新获取国际市场信用。21 世纪以来，韩国造船业的规模和范围迅速扩张，可韩国人力资源不断流失，导致韩国可供造船业利用的劳动力要素逐渐稀缺，同时中国造船业的崛起也使韩国船企不得不把造船产能向海外市场扩张。

长期以来，韩国主要以高端的配套设备、船舶设计等进行海外市场的进军行动，21 世纪初到金融危机之前，韩国造船业将海外市场的重心放在了中国和菲律宾，金融危机后逐渐将海外市场转向俄

① 曹博、谭松、王庚：《日韩造船业智能化之路》，《船舶物资与市场》2016 年第 4 期。
② 《韩国造船业全面布局"智能"时代》，《船舶与配套》2020 年第 1 期。
③ 曹博：《韩造船业全面布局绿色船舶产业》，《船舶物资与市场》2019 年第 2 期。

罗斯、巴西等国。① 近年来，韩国船企在海外的布局不再仅限于船舶制造业，也开始向高附加值的设计领域扩展，利用核心技术来开拓海外市场。如大宇造船海洋通过收购巴西船厂的股份，进而获得巴西海工项目的竞标资格，并与俄罗斯船企签订合作条约，共同合资建立造船公司和新船厂，主要建造油船、钻井船以及液化天然气船等②；三星重工建造的 LNG 船舶也以设计技术为筹码进入俄罗斯的船舶市场。通过海外市场的不断扩张，韩国船企能够更好地利用国内国外两个市场、两种资源，降低造船成本，同时也为国内船企留出更大的空间和更多的资源来研发高技术高附加值的船型。

### （三）造船巨头资产合并

在造船成本不断上升、船企亏损以及中国造船业竞争力不断提升的情况下，韩国船厂之间合并重组是其在行业不景气环境下生存下来的必然选择，合并后的船企在造船成本、技术和产业集中度、高技术船型垄断以及国际竞争力上都比原来更具优势。

大宇造船海洋的最大股东韩国产业银行与韩国现代重工签订协议，同意其对自己所持有的大宇造船海洋股权进行收购，此次合并会使韩国造船业的核心竞争力进一步提高，拉开与竞争对手之间的差距。首先，韩国现代重工船舶配套产业技术一直处于世界领先地位，自主化率非常高。此前，大宇造船海洋因两家处于竞争关系，尽可能不去购买现代重工生产的船配用品，两家船企合并后会使大宇造船海洋在船舶配套采购成本上更具优势，从而抵消部分钢价上升带来的成本上涨。③ 其次，两家船企可以通过资源重组来解决目前部分产能过剩的问题，防止企业重复投资造成资金浪费，同时提高生产效率，并且有利于低价格战略的实施。最后，大宇造船海洋与现代重工在 LNG 领域都具有全球领先地位，并且两者在 LNG 船

① 梁志勇：《韩国造船业的华美转身》，《中国船检》2011 年第 4 期。
② 彭雪竹：《韩国船企的转型策略》，《中国船检》2010 年第 5 期。
③ 敖阳利：《韩国造船业"巨狼"来了?》，《军工文化》2019 年第 3 期。

市场领域在中长期内存在竞争关系，因此两企业的合并会使韩国及全球 LNG 船市场产业集中度进一步提高、减少同质化竞争。两家船企合并后，将会占据世界 LNG 船市场份额的 60% 以上，汇集最先进的 LNG 船建造技术，同时其他船企并不具备在短期内提高 LNG 船建造技术的能力，在 LNG 船份额被抢的背景下可能会使韩国船企重回 LNG 船一枝独秀的地位。①

## （四）加大对造船业的财政扶持力度

船企亏损导致资金不足是导致船厂裁员最主要的原因之一，政府对造船业财政扶持力度的加大在一定程度上能缓解船企融资难、资金不足的难题。

早在 2016 年，韩国政府为摆脱船运企业因资金不足而无法订造新船的困境，就出资 12 亿美元建立了船舶基金。此外，韩国政府为达到在 2025 年之前建造出 140 艘 LNG 船的目标，为韩国船企提供约 15 亿美元的财政支持，并额外投资 2.8 万韩元用于 LNG 船船用设备的建设②；对中小型船企的资助规模从原来的 1000 亿韩元扩大到 2000 亿韩元③。2019 年，为支持地方造船业发展，韩国相关政府部门表示，将对享受优惠政策的地方造船企业适当延长其享受期限，并对陷入资金困境的韩国船企进行投资，计划投资约 6100 万美元。④ 2020 年 2 月，韩国政府公布了一项总计 8200 亿韩元的投资计划来帮助航运企业更新船队船舶，此项计划使船企从银行能够获得

---

① 谭松：《韩国造船巨头合并对造船业影响几何》，《中国船检》2019 年第 3 期。
② 《LNG 动力船改变新造船市场游戏规则》，国际船舶网，2019 年 4 月 26 日，http://www.eworldship.com/html/2019/ship_market_observation_0426/148855.html，最后访问日期：2021 年 5 月 15 日。
③ 《韩国政府加大造船业扶持力度》，《船舶与配套》2019 年第 5 期。
④ 《韩国政府再次"出手"扶持造船业发展》，国际船舶网，2019 年 5 月 10 日，http://www.eworldship.com/html/2019/ShipbuildingAbroad_0510/149208.html，最后访问日期：2021 年 5 月 15 日。

至多60%的资金来修建新船舶。① 单就2020年而言，韩国在造船业上的扶持资金已经超过123万亿韩元。韩国多个地区地方政府为船企设立了专项的高技术高附加值船舶研发基金，以避免船企在研发、生产以及出售整个产业链中因缺少资金而产生的问题；同时，各地方政府为了减轻船企的负担，会出台一系列如下调部分税率、适当补贴以及延长缴税期限等的优惠措施。

经过上述一系列的转型升级措施，虽然目前韩国造船业的状况与其鼎盛时期相比仍有差距，但历经十几年的调整，韩国造船业在不同方面都出现不同程度的回暖，有望全面复兴。从船舶订单情况来看，2019年韩国造船业马力全开，10月韩国在全球新船150万吨修正总吨位中包揽了129万吨，中国仅为15万吨，同时因为2019年10月新船订单的激增，韩国在2019年接单总吨位上也超过了中国，重回世界第一。从船舶建造技术来看，2020年4月，韩国大宇造船海洋建造的集装箱船再次刷新了全球最大集装箱船纪录②；现代重工建造的新型9万立方米超大型液化气船（VLGC），是可通过巴拿马运河船闸中运输量最大的一艘③；在LNG船市场中，中国和日本船企在技术上基本无力与韩国抗衡，2020年6月，韩国三大主要船企现代重工、大宇造船海洋和三星重工凭借高技术优势斩获合计价值192亿美元的LNG船订单，数量超过100艘，是有史以来最大的LNG船交易项目。从智能绿色船舶来看，大宇造船海洋于2019年11月交付的LNG船是世界首艘配备自主开发空气润滑系统的

---

① 《韩国政府推出7亿美元船舶更新资金补贴计划》，国际船舶网，2020年2月7日，http://www.eworldship.com/html/2020/ShipbuildingAbroad_0207/156657.html，最后访问日期：2021年5月15日。

② 《刷新纪录！世界第一艘24000TEU级箱船交付，正开往青岛！》，信德海事网，2020年4月24日，https://www.xindemarinenews.com/topic/chuanbojianzhao/2020/0424/20021.html，最后访问日期：2021年5月15日。

③ 《现代重工集团获KSS海运两艘86000方VLGC订单》，国际船舶网，2021年5月13日，http://www.eworldship.com/html/2021/NewOrder_0513/170934.html，最后访问日期：2021年5月15日。

LNG 船，可比传统 LNG 船节省 5% 以上的燃油消耗①；同年，三星重工与 SKT 合作完成了全球首个 5G 动力远程控制模型船的自动航行实验，成功实现约 250 公里的远程船舶操纵②；2020 年上半年，现代重工成功在其建造的散货船上安装了其自主研发的现代智能导航辅助系统，是全球首个将自主航行技术应用于大型船舶的船企。

# 三 韩国造船业转型升级的经验为
# 中国带来的启示

在世界经济放缓趋势不变的压力下，世界造船业的低迷对中国造船业的影响越发强烈，韩国造船业转型升级的经验为中国造船业发展提供了有益的启示。

## （一）以创新为驱动力实现高技术高附加值船舶的发展

技术突破是提升一国造船业竞争力的根本路径，按照现阶段国际造船业的发展趋势，未来造船业必然向智能化和绿色化等高技术方向发展。目前中国的造船技术在智能化和绿色化方面与韩国相比仍存在较大差距。2016 年中国才开始启动"智能船舶 1.0 研发专项"工作，与韩国相比整整晚了 6 年，在绿色造船理念上没有韩国认识得深刻，主动适应新规则的能力不强。中国虽然已经在部分领域实现了船舶建造技术的突破，但就整体行业发展而言，仍然没有达到高度专业化的水平，关键核心技术仍然受制于人。③

占据高端船型市场，核心在于技术的推动和科技的创新。不断

---

① 《大宇造船交付首艘"船底吹气"LNG 船》，国际船舶网，2019 年 11 月 21 日，http://www.eworldship.com/html/2019/NewShipUnderConstruction_1121/154585.html，最后访问日期：2021 年 5 月 15 日。
② 《三星重工联手 SK 电讯完成 5G 遥控无人船测试》，国际船舶网，2019 年 12 月 11 日，http://www.eworldship.com/html/2019/Shipyards_1211/155204.html，最后访问日期：2021 年 5 月 15 日。
③ 沈安伟：《浅谈船舶建造技术现状及管理方法》，《价值工程》2020 年第 9 期。

加大对高技术高附加值船型的研发力度是中国造船业在激烈的世界市场竞争中能够占据一席之地的关键战略，造船业的发展方向必须要向技术创新驱动转变。[①] 同时要紧随国际发展潮流，精准识别全球市场潜在的需求定位，做好充足的技术储备，以备在争取全球订单时释放足够的产能。[②] 作为《中国制造2025》的主攻方向，智能船舶是中国造船业紧跟世界船舶市场发展潮流、实现转型升级的关键所在。随着造船技术的日益先进，第一造船大国的竞争在中国和韩国之间愈演愈烈，韩国造船业已经表明了未来船舶向绿色化升级的决心，中国应高度关注韩国造船业的绿色化进程，以先进技术、成本优势为主要抓手来实现中国造船业高质量发展，进一步加强对资源节约型、环境友好型等高技术高附加值船舶的开发，大力开展有关环保、节能、减排等方面的船舶的研发应用，实现由原来对新技术的被动适应到推出自主创新技术的转变。

## （二）实现造船业全面对外开放

提高中国造船业国际竞争力，需要依靠中国造船业在海外的影响力，扩大海外网点规模，同时利用外部资源加快中国造船业发展。加快造船业海外布局，一方面有利于中国造船业盘活现有产能，另一方面使船企更容易获得外资、借鉴海外发达船企的技术经验，对促进中国造船业转型升级和海洋强国建设具有重要意义。

加快实现造船业全面对外开放，关键要将"走出去"和"引进来"结合在一起。一方面，应加快沿线布局，在更加开放的市场环境中促进中国船企积极参与国际市场。[③] 先进船企应主动引领行业，加快在全球市场中的布局，主动寻觅海外人才，同时学习国外先进

---

① 胡文龙：《中国船舶工业70年：历程、成就及启示》，《中国经贸导刊（中）》2019年第11期。

② 李成强：《我国船舶工业转型升级的标杆借鉴与政策建议》，《船舶物资与市场》2009年第6期。

③ 胡颖、孟昭群：《我国船舶工业发展瓶颈及"由大到强"发展战略分析》，《全球化》2019年第2期。

的管理经验，提升中国造船业的建造效率。另一方面，应在一定范围内放宽或取消造船业短板领域，如高技术高附加值船舶的设计和建造领域的外企准入规则，通过合资建厂、直接收购等方式，加大对外资的吸引力度，加快中国造船业国际化进程；对引进的技术进行学习吸收，并在此基础上进行进一步创新升级，发展具有自主知识产权的船舶设计和建造技术。此外，韩国船企大规模的裁员中不乏经验丰富的技术管理人才，这正是中国引进韩国人才的好时机。

### （三）促进资产重组，释放过剩产能

产能过剩多年来一直是阻碍中国造船业由大到强的关键因素之一，自 2008 年世界经济进入萧条期，国际造船业也开始进行"洗牌"，经过十多年的角逐和淘汰，国内外有一大批船企停产、破产。虽然在近几年中国通过淘汰、兼并、整合使造船业产能严重过剩的矛盾得到一定程度的缓解①，但是问题仍然存在。

造船业是一种具有规模效应的产业，结构的分散不利于造船业竞争力的提高。韩国的经验表明，仅仅依靠大型船企之间各自的发展和相互竞争，只会造成造船资源的浪费以及造船成本的增加，因此中国船企应适当进行资产重组。整合相似度较高的业务，调整不同部门之间工人的数量，重新优化资源配置；对老旧船舶进行功能更新或拆船淘汰，优化中国船企部门结构，同时扩展海外业务，实现产能向海外的转移。中国大部分的造船设备老旧，一些中小型船厂将资金更多用于船厂的扩建，无法化解成本上升、利润下降带来的风险，要为这些造船技术水平低、管理差、生产效率低的船企设置一定规则性的退出壁垒，出清一批长期亏损、造船效率低下、竞争力较弱的企业，鼓励中小型企业主动放弃产能过剩船型产品的生产，转而研发新型高技术高附加值船型。

---

① 胥苗苗：《2017，造船业决战去产能》，《中国船检》2017 年第 2 期。

## （四）营造有利于造船业转型升级的政策环境

造船业的发展对政府政策依赖程度较高，如果造船业的发展没有坚实的政策环境基础作为保障，那么中国造船业的发展速度就会大大放缓。韩国政府针对造船企业融资难、资金不足等问题制定了相关的支持政策，中国政府也应该吸取经验，结合现状制定出有针对性的财政政策。现阶段，中国关于造船业的专项政策较少，仍处于相对薄弱的阶段，政府应充分发挥自己的职能，为造船业发展营造一个良好的政策环境。[①]

中国政府应参考韩国政府的做法，在船企的研发创新、船配产品进出口、就业补助和税收等领域推出各种补贴政策，为研发机构提供专项贷款服务，不断丰富中国对造船业的金融支持模式和类型，重点解决当前企业造船用地稀缺、融资难等问题，同时银行应尽可能地为船企创造有利于国际竞争的融资条件，形成良好的互动关系[②]；对造船业的发展现状、发展趋势、发展难点进行及时了解，结合现阶段造船业发展特点制定出有针对性的专项政策，抓住海洋强国建设等战略政策实施所带来的发展机遇；积极推进船舶核心建造企业与设计机构的整合，有选择地重点资助有发展潜力的船舶技术企业，整合一批具有国际竞争力的船舶企业，以发挥其领军示范作用，带动中小企业发展。

---

① 伍平平：《船舶设计建造技术现状及未来展望》，《船舶物资与市场》2019 年第 11 期。

② 张俊杰：《转型升级须只争朝夕——访中国船舶工业行业协会副秘书长聂丽娟》，《中国船检》2013 年第 8 期。

# Experience and Enlightenment of the Transformation and Upgrading of the Republic of Korea's Shipbuilding Industry since the Financial Crisis

*Ji Jianyue*[1,2], *Li Yutong*[1]

*( 1. School of Economics, Ocean University of China, Qingdao, Shandong, 266100, P. R. China;*

*2. Institute of Marine Development, Ocean University of China, Qingdao, Shandong, 266100, P. R. China)*

**Abstract:** The Republic of Korea's shipbuilding industry has grown rapidly since the 1970s, overtaking Japan as the world's largest shipbuilder in the 1990s. However, after the financial crisis, the global shipbuilding market is turbulent and slow, as the world's most recognized shipbuilding country and shipbuilding power, under the dual influence of the world economic situation and the rapid rise of China's shipbuilding industry, the ROK shipbuilding industry is deeply affected, for which the ROK government and shipping enterprises are actively exploring a series of measures to transform and upgrade the shipbuilding industry. This paper studies the challenges faced by the ROK shipbuilding industry after the financial crisis. Through the analysis of the ROK government and shipbuilding enterprises to cope with the crisis and realize the transformation and upgrading path of the shipbuilding industry, this paper summarizes and sorts out the experience and inspiration for China's shipbuilding industry, hoping to accelerate the pace of transformation and upgrading of China's shipbuilding industry.

**Keywords:** The Republic of Korea's Shipbuilding Industry; Financial Crisis; Large Freighter; Ship Order

（责任编辑：孙吉亭）

# 《中国海洋经济》征稿启事

《中国海洋经济》是由山东社会科学院主办的学术集刊，主要刊载海洋人文社会科学领域中与海洋经济、海洋文化产业紧密相关的最新研究论文、文献综述、书评等，每年的4月、10月由社会科学文献出版社出版。

欢迎高校、科研机构的学者，政府部门、企事业单位的相关工作人员，以及对海洋经济感兴趣的人员赐稿。来稿要求：

1. 文章思想健康、主题明确、立论新颖、论述清晰、体例规范、富有创新。文章字数为1.0万~1.5万字。中文摘要为240~260字，关键词为5个，正文标题序号一般按照从大到小四级写作，即"一""（一）""1.""（1）"。注释用脚注方式放在页下，参考文献用脚注方式放在页下，用带圈的阿拉伯数字表示序号。参考文献详细体例请阅社会科学文献出版社《作者手册》2014年版，电子文本请在www.ssap.com.cn"作者服务"栏目下载。

2. 作者请分别提供"基金项目"（可空缺）和"作者简介"。"作者简介"按姓名、出生年月、性别、工作单位、行政和专业技术职务、主要研究领域顺序写作；多位作者合作完成的，请提供多位作者简介；并附英文题目、英文作者姓名、英文单位名称、英文摘要和关键词；请另附通信地址、联系电话、电子邮箱等。

3. 提倡严谨治学，保证论文主要观点和内容的独创性。对他人研究成果的引用务必标明出处，并附参考文献；图、表等注明数据来源，不能存在侵犯他人著作权等知识产权的行为。论文查重比例不得超过10%。

来稿本着文责自负的原则，由抄袭等原因引发的知识产权纠纷作者将负全责，编辑部保留追究作者责任的权利。作者请勿一稿多投。

4. 来稿应采用规范的学术语言，避免使用陈旧、文件式和口语化的表述。

5. 本集刊持有对稿件的删改权，不同意删改的请附声明。本集刊所发表的所有文章都将被中国知网等收录，如不同意，请在来稿时说明。因人力有限，恕不退稿。自收稿之日 2 个月内未收到用稿通知的，作者可自行处理。

6. 本集刊采用匿名审稿制。

7. 来稿请提供电子版。本集刊收稿邮箱：1603983001@ qq. com。本集刊地址：山东省青岛市市南区金湖路 8 号《中国海洋经济》编辑部。邮编：266071。电话：0532 - 85821565。

《中国海洋经济》编辑部
2021 年 4 月

图书在版编目（CIP）数据

中国海洋经济. 第 12 辑 / 孙吉亭主编. -- 北京：
社会科学文献出版社，2022.3
ISBN 978 - 7 - 5201 - 9879 - 0

Ⅰ.①中…　Ⅱ.①孙…　Ⅲ.①海洋经济 - 经济发展 -
研究 - 中国　Ⅳ.①P74

中国版本图书馆 CIP 数据核字（2022）第 042882 号

中国海洋经济（第 12 辑）

主　　编／孙吉亭

出 版 人／王利民
组稿编辑／宋月华
责任编辑／韩莹莹
文稿编辑／陈丽丽
责任印制／王京美

出　　版／社会科学文献出版社·人文分社（010）59367215
　　　　　　地址：北京市北三环中路甲 29 号院华龙大厦　邮编：100029
　　　　　　网址：www.ssap.com.cn
发　　行／社会科学文献出版社（010）59367028
印　　装／天津千鹤文化传播有限公司

规　　格／开 本：787mm × 1092mm　1/16
　　　　　　印 张：12　字 数：170 千字
版　　次／2022 年 3 月第 1 版　2022 年 3 月第 1 次印刷
书　　号／ISBN 978 - 7 - 5201 - 9879 - 0
定　　价／98.00 元

读者服务电话：4008918866